全国 BIM 技能等级考试教材

(二级)

结构设计专业

筑龙学社　编

中国建筑工业出版社

图书在版编目（CIP）数据

全国BIM技能等级考试教材. 二级. 结构设计专业/筑龙学社编. —北京：中国建筑工业出版社，2019. 10

ISBN 978-7-112-24264-1

Ⅰ. ①全… Ⅱ. ①筑… Ⅲ. ①建筑设计-结构设计-计算机辅助设计-应用软件-资格考试-自学参考资料 Ⅳ. ①TU201. 4

中国版本图书馆CIP数据核字（2019）第209459号

责任编辑：张礼庆
责任校对：张惠雯

全国BIM技能等级考试教材（二级）结构设计专业

筑龙学社 编

*

中国建筑工业出版社出版、发行（北京海淀三里河路9号）

各地新华书店、建筑书店经销

北京佳捷真科技发展有限公司制版

北京京华铭诚工贸有限公司印刷

*

开本：787×1092毫米 1/16 印张：9 字数：223千字

2019年11月第一版 2019年11月第一次印刷

定价：**24.00**元

ISBN 978-7-112-24264-1

（34776）

前　言

建筑信息模型（Building Information Modeling，BIM），是在计算机辅助设计（CAD）等技术基础上发展起来的多维模型信息集成技术，是对建筑工程物理特征和功能特性信息的数字化承载和可视化表达。

BIM能够应用于工程项目规划、勘察、设计、施工、运营维护等各阶段，实现建筑全生命期各参与方在同一多维建筑信息模型基础上的数据共享，为产业链贯通、工业化建造和繁荣建筑创作提供技术保障；支持对工程环境、能耗、经济、质量、安全等方面的分析、检查和模拟，为项目全过程的方案优化和科学决策提供依据；支持各专业协同工作、项目的虚拟建造和精细化管理，为建筑业的提质增效、节能环保创造条件。信息化是建筑产业现代化的主要特征之一，BIM应用作为建筑业信息化的重要组成部分，必将极大地促进建筑领域生产方式的变革。

近年来，住房和城乡建设部多次发文鼓励地方政府及有关单位和企业通过科研合作、技术培训、人才引进等方式推动相关人员掌握BIM应用技能，全面提升BIM应用水平。国内大型建筑企业纷纷组建BIM团队，同时越来越多的项目将BIM技术作为投标加分项。BIM技术人员正在成为国内紧缺的专业技术人员。

在此背景下，筑龙学社适时开展了BIM技能培训工作。筑龙学社（www.zhulong.com）创建于1998年，是一个建筑行业的学习社群，覆盖建筑设计、施工、造价、项目管理、BIM等18个专业领域。拥有超过1200万注册会员、超过400万手机用户，是全球访问量遥遥领先的建筑网站。

尽管目前国内BIM技术的推广应用工作正在逐步开展，但是现阶段应用层次还有待深入，人才培养模式还有待优化。相信在国内政策的正确引导下，更多的建筑业企业和单位会从中受益，筑龙网致力于成就更多有梦想的建筑人，一定会继续做好BIM技能人才的培训工作，为建筑业的持续健康发展做出贡献。

目　　录

第 1 章　结构模型

1.1　标高轴网

本节学习目标：

（1）楼层平面排序

（2）多段线轴网的绘制

（3）轴网样式的更改

1.1.1　标高

在项目浏览器中展开“立面”视图类别，双击任意立面视图，切换至南立面绘制标高。

在 Revit 软件中，一般轴网名称、标高名称、楼层名称等的排序，都会按照名称的最后一个字符进行排序，例如 1、2、3、4 或者 A、B、C、D 等流水顺序，但当我们按照国家施工图习惯将楼层名称用中文数字表示时，就会出现平面视图不按顺序排序的情况，如图 1.1.1-1 所示。

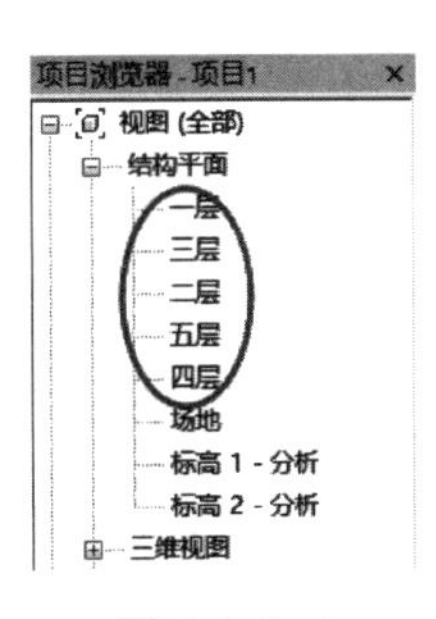

图 1.1.1-1

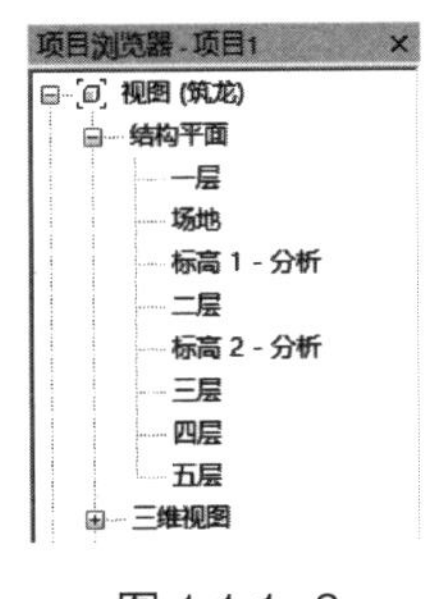

图 1.1.1-2

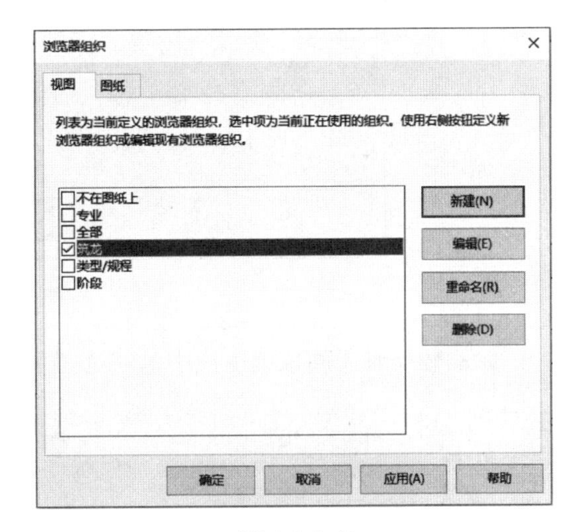

图 1.1.1-3

这时，如果希望仍按楼层排序，就需要选择“视图>用户界面>浏览器组织”命令，如图 1.1.1-3 所示。

弹出的对话框中，新建一个浏览器组织，在其属性“成组和排序”选项卡下，将排序方式设为“相关标高”，并按升序排列，点击确定（图 1.1.1-4），就达到图 1.1.1-2 所示效果了。

浏览器组织属性
过滤 成组和排序
浏览器组织: 筑龙
指定此浏览器组织的成组/排序规则。
成组条件(G): <无>
使用: 全部字符(H) 1 前导字符(S)
否则按(B): <无>
使用: 全部字符(A) 1 前导字符(K)
否则按(Y): <无>
使用: 全部字符(R) 1 前导字符(W)
否则按(T): <无>
使用: 全部字符(L) 1 前导字符(I)
否则按(E): <无>
使用: 全部字符(X) 1 前导字符(J)
否则按(V): <无>
使用: 全部字符(Z) 1 前导字符(N)
排序方式(O): 相关标高
升序(C) 降序(D)
确定 取消 帮助

图 1.1.1-4

绘制标高时要确认选项栏中已勾选“创建平面视图”选项，不设置偏量。

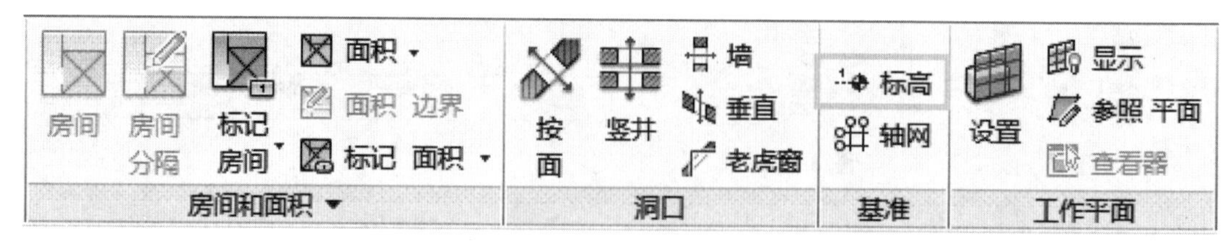

图 1.1.1-5

单击选项栏中的“平面视图类型”按钮，如图 1.1.1-6 所示，打开“平面视图类型”对话框，如图 1.1.1-7 所示。在视图类型列表中选择“结构平面”，单击确定按钮退出“平面视图类型”对话框。将在绘制标高时自动为标高创建与标高同名的结构平面视图。

图 1.1.1-6

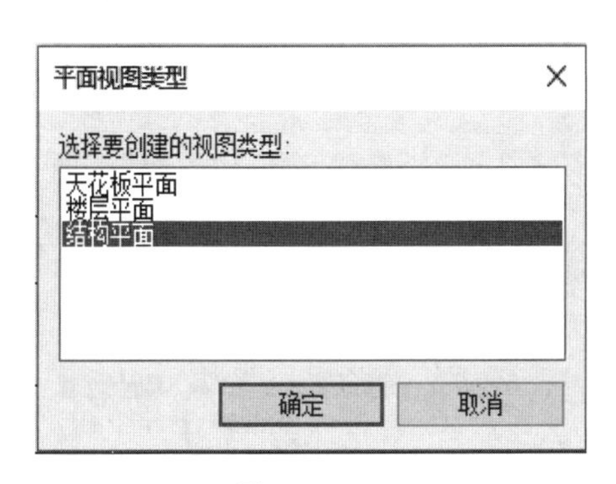

图 1.1.1-7

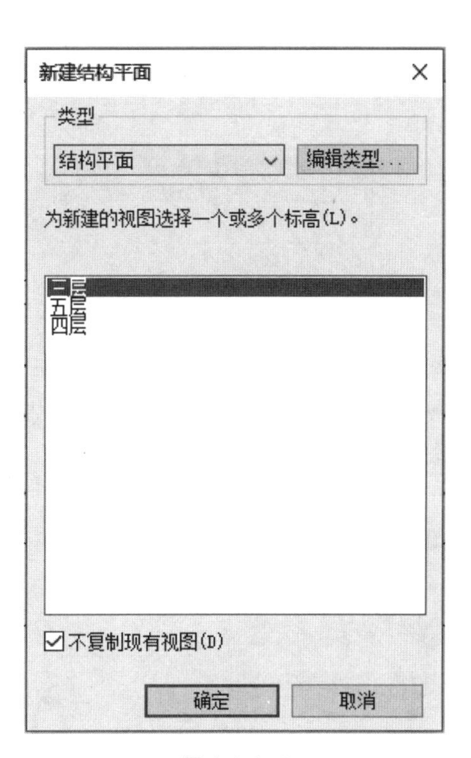

图 1.1.1-8

通过复制和阵列绘制的标高，没有平面视图，需要在“视图>平面视图>结构平面”中添加。如图 1.1.1-8 所示，选中所需的标高。

标高的属性通过编辑类型进行更改，一般正负零以下的标高应更改为下标头，如图 1.1.1-9 所示。

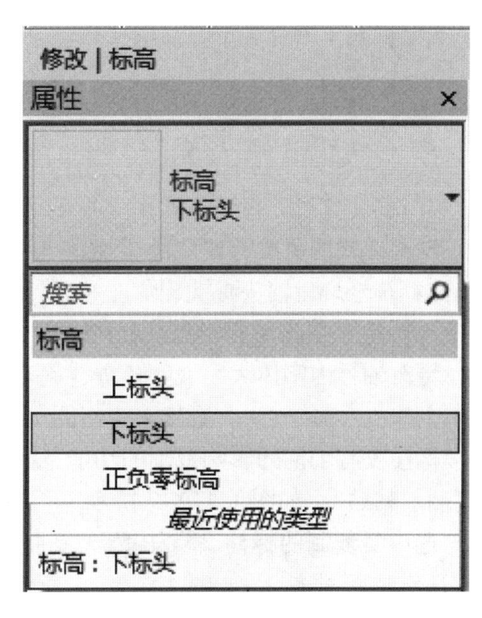

图 1.1.1-9

1.1.2　轴网

轴网是可帮助整理设计的注释图元。Revit 会自动为每个轴网编号，要修改轴网编号，请单击编号，输入新值，然后按 Enter 键。可以使用字母作为轴线的值。如果将第一个轴网编号修改为字母，则所有后续的轴线将进行相应地更新。

【提示】如若画错不要删除，最好撤回，Revit 不会识别是否删除过，依旧会按错误的序号继续排序。

当绘制轴线时，可以让各轴线的头部和尾

部相互对齐。如果轴线是对齐的，则选择线时会出现一个“锁”以指明对齐。如果移动轴网范围，则所有对齐的轴线都会随之移动。

多段线轴网

单击“修改 | 放置轴网”选项卡➤“绘制”面板➤(多段）以绘制需要多段的轴网。

图 1.1.2-1　　图 1.1.2-2　　图 1.1.2-3

激活轴网命令，单击“多段”选项，如图 1.1.2-1 所示，将进入草图绘制模式，根据需要绘制的任意形式的轴网草图，绘制完成后单击对号“完成编辑模式”按钮，即可生成多段轴网。

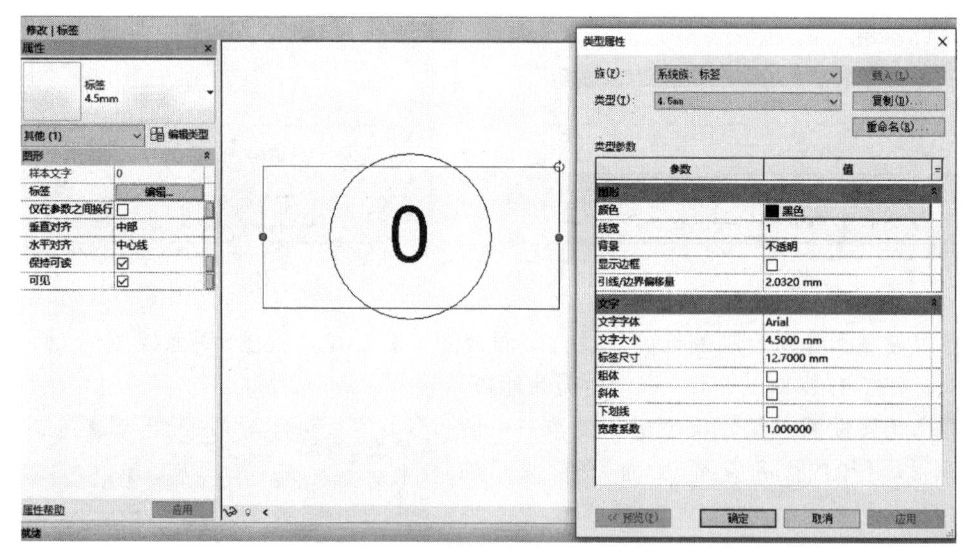

图 1.1.2-4

轴网样式的更改需要“编辑类型”，如深入调整需要进入族编辑界面，“项目浏览器>族>注释符号>M-轴头标头>圆”，如图 1.1.2-2 所示。右键，选择“编辑”进入族界面，选中“标签”单击编辑类型，如图 1.1.2-4 所示。

更改轴号内字体大小、颜色等，确定“载入到项目并关闭”后（图 1.1.2-3），弹出图 1.1.2-5，选“否”，紧接着弹出图 1.1.2-6，选择“覆盖现有版本及其参数值”。

标注没有轴网的影响范围的功能，如需其他层也显示标注，需要通过“剪贴板”中的“复制、粘贴”，如图 1.1.2-7 所示。

选中要复制的标注，点击“复制”命令，以激活粘贴命令，点击粘贴命令下的“与选定视图对齐”，如图 1.1.2-8 所示，弹出图 1.1.2-11 后，选择需要复制的标高即可。

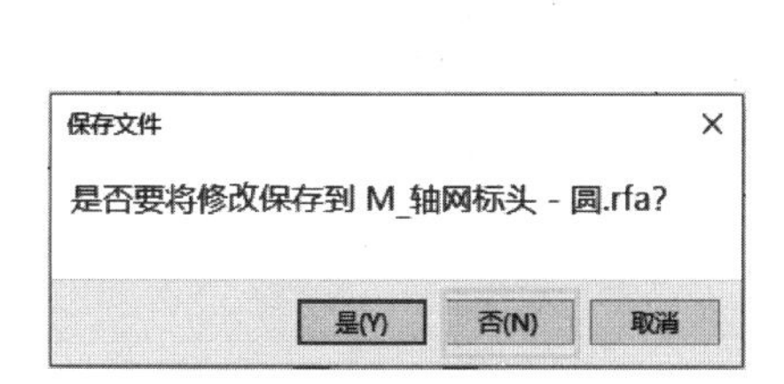

图 1.1.2-5

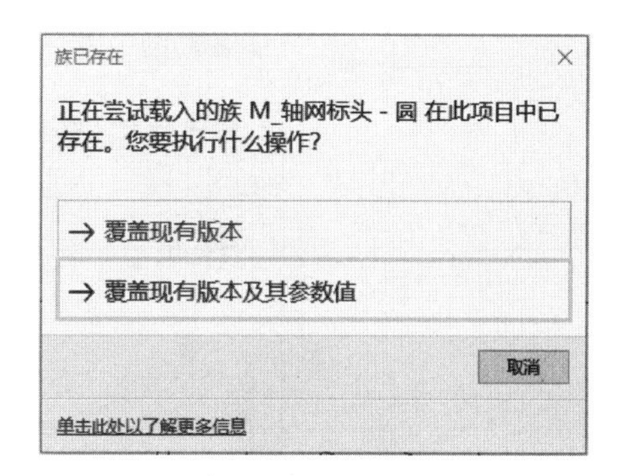

图 1.1.2-6

图 1.1.2-7

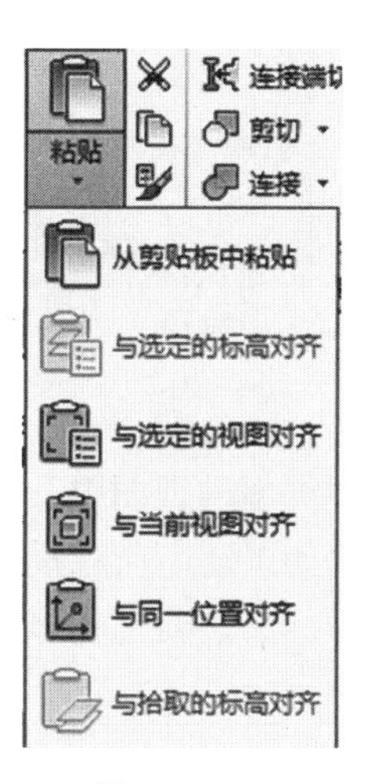

图 1.1.2-8

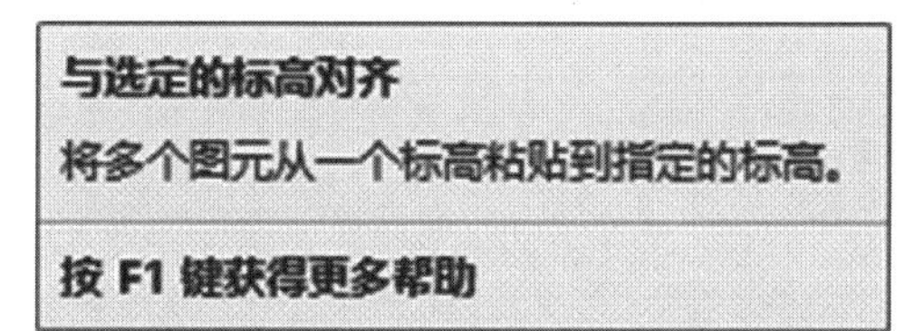

图 1.1.2-9

图 1.1.2-10

【注意】与选定视图和与选定标高对齐的区别。

对齐到选定视图：如果复制视图专有图元（例如尺寸标注）或者模型和视图专有图

图 1.1.2-11

元，可将其粘贴到相似类型的视图中。

对齐到选定标高：如果复制所有模型图元，可将其粘贴到一个或多个标高。在显示的对话框中，按名称选择标高。要选择多个标高，请在选择名称时按 Ctrl 键。

1.2　结构基础

本节学习目标：

（1）三种基础的用法

（2）基础的绘制

1.2.1　基础分类

结构基础分三种形式：条形基础、独立基础和基础底板。

条形基础的用法类似于墙饰条，用于沿墙底部生成带状基础模型。单击选择墙即可在墙底部添加指定类型的条形基础，如图 1.2.1-1 所示。

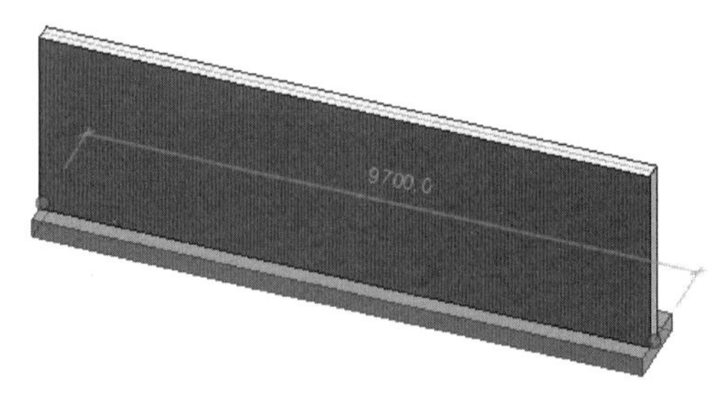

图 1.2.1-1

可以分别在条形基础类型各参数中调节条形基础的坡脚长度、根部长度、基础厚度等参数，以生成不同形式的条形基础，如图 1.2.1-2 所示，点击图 1.2.1-1 上箭头还可进行方向的翻转。与墙饰条不同的是，条形基础属于系统族，无法为其指定轮廓，且条形基础具备诸多结构计算属性，而墙饰条则无法参与结构承载力计算。

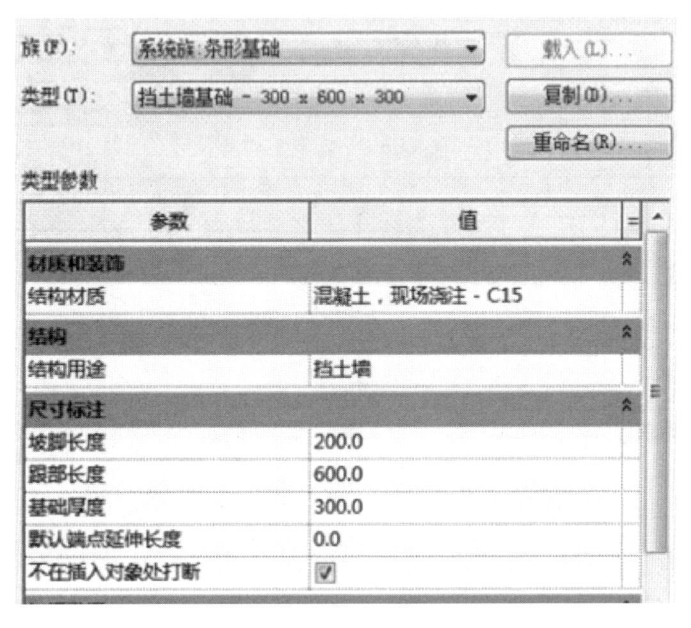

图 1.2.1-2

很多时候项目中没有墙，是不能建立条形基础的，我们的条形基础也可以用梁来代替，地梁也叫基础梁，和条形基础的作用是一样的。我们载入“结构-框架-混凝土-柱下条形基础”（图 1.2.1-3）。

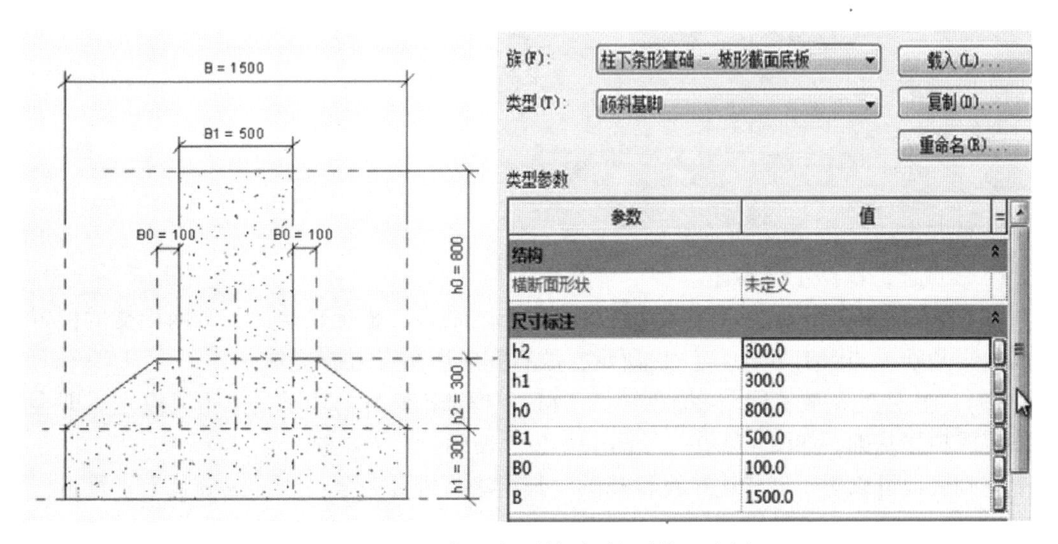

图 1.2.1-3　柱下条形基础-坡形截面底板

独立基础是将自定义的基础族放置在项目中，并作为基础参与结构计算。使用“公制结构基础. rte”族样板可以自定义任意形式的结构基础。参数设置可通过编辑类型进行修改，如图 1. 2. 1-4 所示。

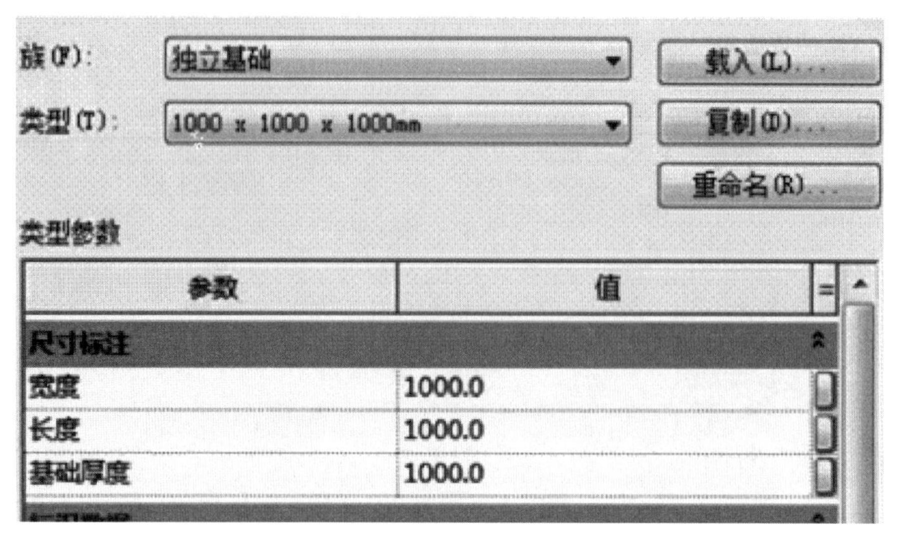

图 1.2.1-4

1. 2. 2　基础绘制

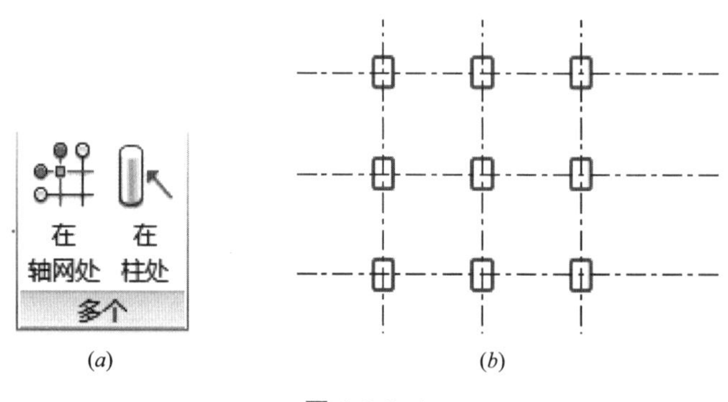

图 1.2.2-1

绘制方式：

（1）点选，鼠标左键放置。

（2）“在轴网处”放置（图 1. 2. 2-1*a*），点击命令，框选轴网，与轴网相交的位置会生成独立基础，如图 1. 2. 2-1（*b*）所示，放置完成后需点击✔完成。

（3）“在柱处”放置同“在轴网处”放置，框选已画好的柱子，点击完成之后即会在柱下生成独立基础。如图 1. 2. 2-2、图 1. 2. 2-3 所示。

基础底板可以用于创建建筑筏板基础，其用法与楼板完全一致。区分是为了算量，基础底板会划分到结构基础类别。

其他基础样式可以用族和的方式创建，三种样式可以把所有样式表达完整。

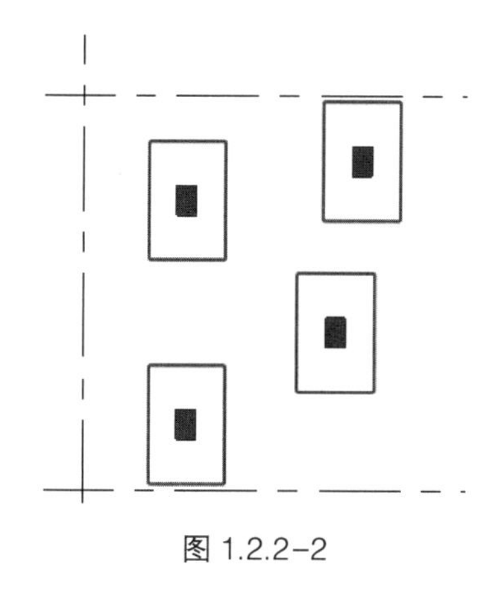

图 1.2.2-2

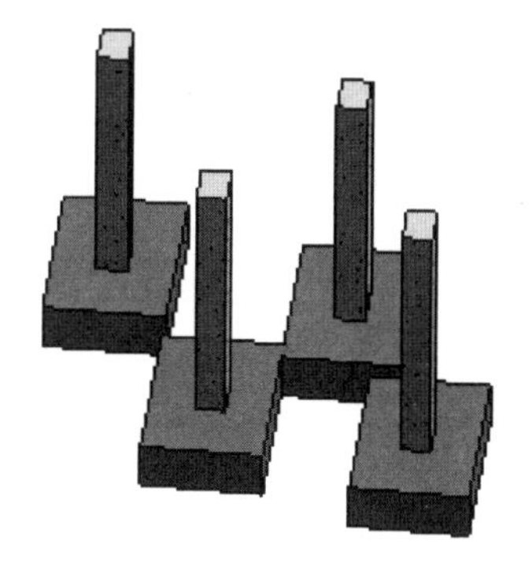

图 1.2.2-3

1.3　结构墙柱

本节学习目标：

（1）柱的放置方式

（2）柱轮廓的编辑

（3）墙的定位线

（4）墙的拆分

（5）墙饰条的添加

1.3.1　结构柱

Revit 提供了两种不同用途的柱：建筑柱和结构柱。建筑柱和结构柱在 Revit 中所起的功能和作用并不相同。建筑柱只起装饰和维护作用，而结构柱则主要用于支撑和承载重量。

尽管结构柱与建筑柱共享许多属性，但结构柱还具有许多由它自己的配置和行业标准定义的其他属性，可提供不同的行为。结构图元（如，梁、支撑和独立基础）与结构柱连接；它们不与建筑柱连接。

另外，结构柱具有一个可用于数据交换的分析模型。

通常，建筑师提供的图纸和模型可能包含轴网和建筑柱。您可通过以下方式创建结构柱：手动放置每根柱或使用“在轴网处”工具将柱添加到选定的轴网交点。在大多数情况下，在添加结构柱之前设置轴网很有帮助，因为结构柱可以捕捉到轴线。

结构柱的创建

“建筑/结构”选项卡➤“构建/结构”面板➤“柱”下拉列表➤（结构柱）

（1）从“属性”选项板上的“类型选择器”下拉列表中，选择一种柱类型。

（2）在选项栏上设置好标高和高度/深度，如图 1.3.1-1 所示。

放置柱时，使用空格键更改柱的方向。每次按空格键时，柱将发生旋转，以便与选定位置的相交轴网对齐。在不存在任何轴网的情况下，按空格键时会使柱旋转 90°。

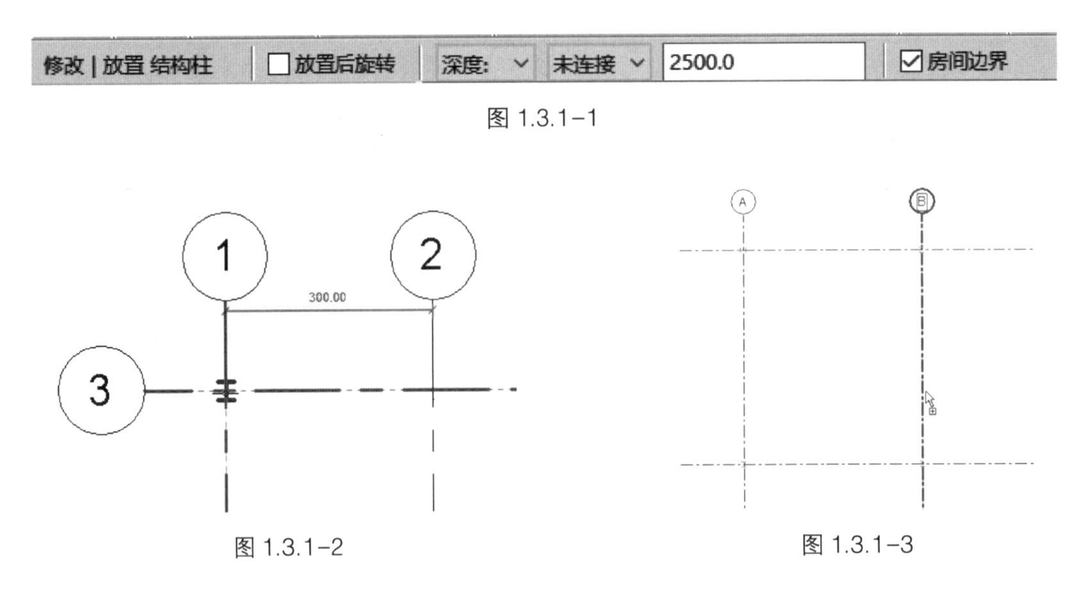

图 1.3.1-1

图 1.3.1-2

图 1.3.1-3

在轴网处放置柱，将多个柱放置在选定轴线的交点处。单击“卄（在轴网处）”选择轴网线，以定义所需的轴网交点。单击“修改 | 放置结构柱”>“在轴网交点处”选项卡➤“多个”面板➤✔（完成），以创建柱。

对于异形柱，例如 T 形、L 形混凝土柱，我们需要了解系统族库中的族类型，如图 1.3.1-4 所示。

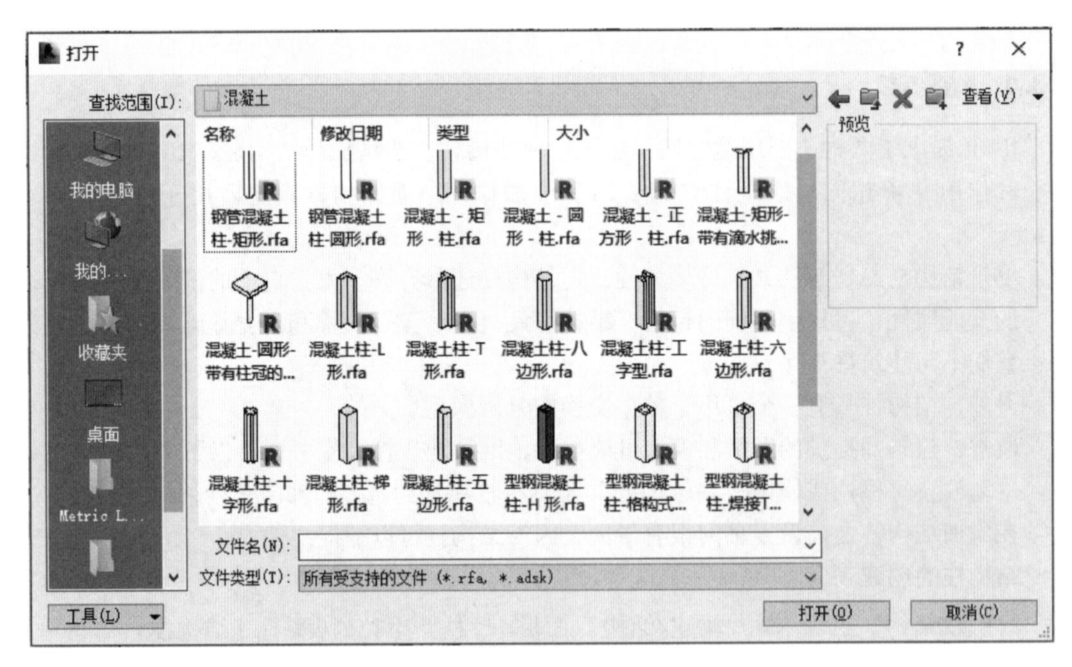

图 1.3.1-4

在载入类似混凝土异形柱类别后，选中放置好的柱，点击编辑族，如图 1.3.1-5 所示位置，进入柱族编辑界面，在楼层平面“低于参照标高”视图中（图 1.3.1-6），选中已有的柱模型，在弹出的上下文选项卡“模式”里点击“编辑拉伸”（图 1.3.1–7）。

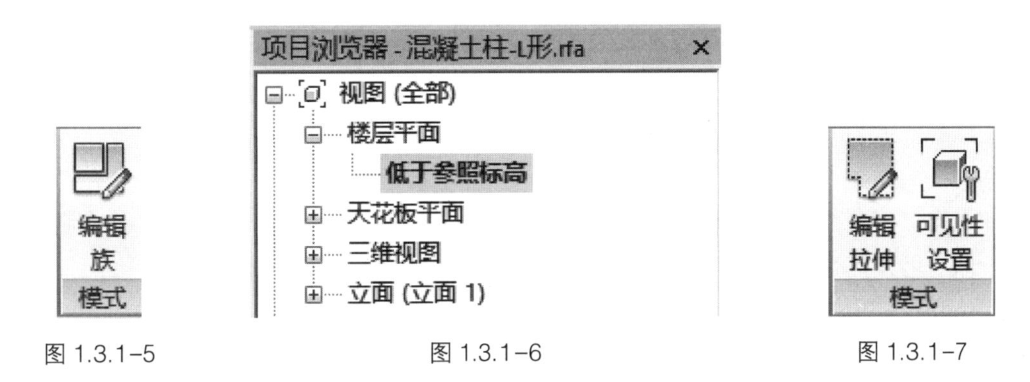

图 1.3.1–5　　图 1.3.1–6　　图 1.3.1–7

进入草图编辑模式后，修改柱轮廓草图为自己需要的，并设置好约束条件（图 1.3.1–8、图 1.3.1–9）。

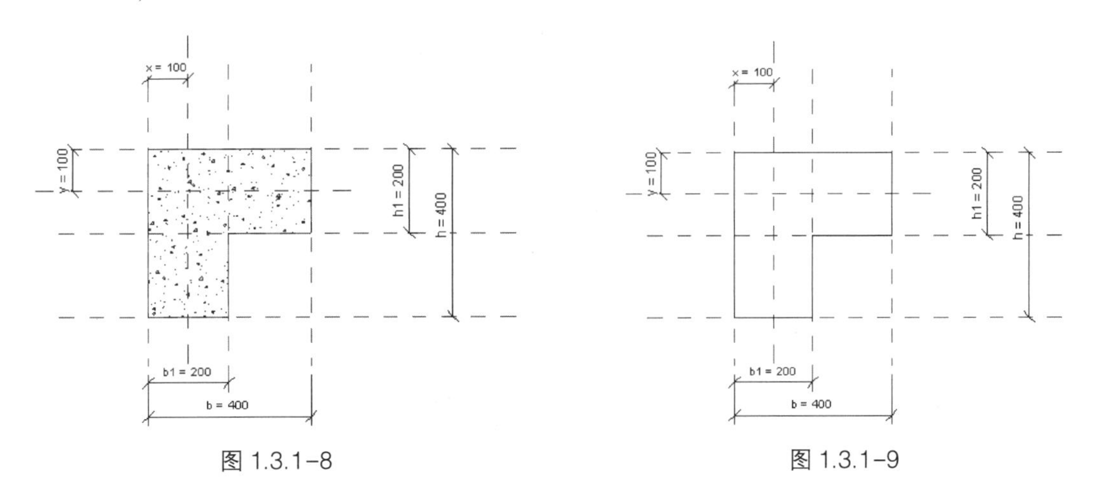

图 1.3.1–8　　图 1.3.1–9

1.3.2　结构墙

默认结构墙的绘制方式为深度，如果在绘制墙后它们并未显示，可能需要降低视图深度，或创建一个基础标高以用作当前楼层的基线。

（1）关于墙的定位线

墙的“定位线”属性指定使用墙的哪一个垂直平面相对于所绘制的路径或在绘图区域中指定的路径来定位墙。

不管是哪种墙类型，均可以在“选项栏”（放置墙之前）或在“属性”选项板（放置墙之前或之后）上选择下列平面中的任何一个：墙中心线（默认）、核心层中心线、“面层面：外部”、“面层面：内部”、“核心面：外部”、“核心面：内部”。

【注意】在 Revit 术语中，墙的核心是指其主结构层。在简单的砖墙中，“墙中心线”和“核心层中心线”平面将会重合，然而它们在复合墙中可能会不同。从左到右绘制墙时，其外部面（面层面：外部）默认情况下位于顶部。

在以下示例中，“定位线”值指定为“面层面：外部”，光标位于虚参照线处，并且墙是从左到右绘制的。

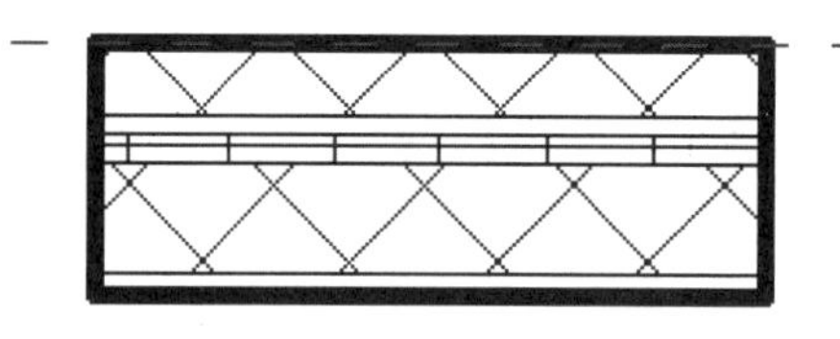

图 1.3.2-1

如果将“定位线”值修改为“面层面：内部”并沿着参照线按照同一方向绘制另一分段，则新的分段将位于参照线上方。

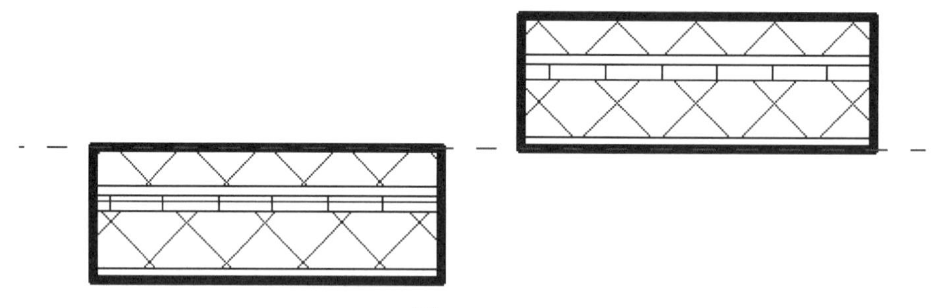

图 1.3.2-2

选择单个墙分段时，蓝色圆点（“拖曳墙端点”控制柄）将指示其定位线。

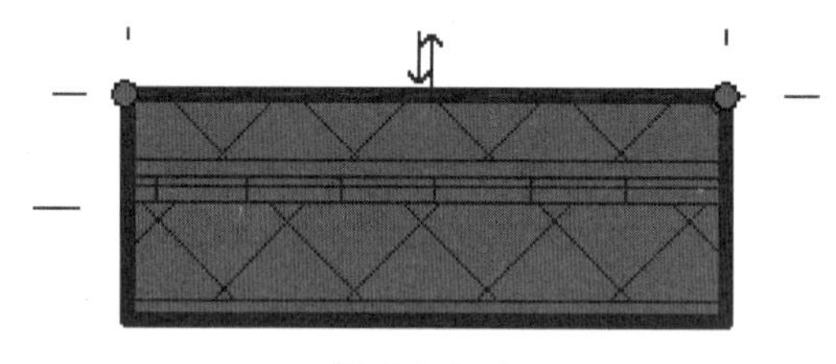

图 1.3.2-3

放置墙后，其定位线便永久存在，即使修改其类型的结构或修改为其他类型也是如此。修改现有墙的“定位线”属性的值不会改变墙的位置。但是，使用空格键或屏幕上的翻转控制柄⇵来切换墙的内部/外部方向时，定位线为墙翻转所围绕的轴。因此，如果修改“定位线”值，然后修改方向，则可能还会改变墙位置。

【注意】取消选择，而后又重新选择墙之后，蓝色圆点的位置才会发生改变。

(2) 复合墙

墙就像屋顶、楼板和天花板可包含多个水平层一样，墙可以包含多个垂直层或区域。

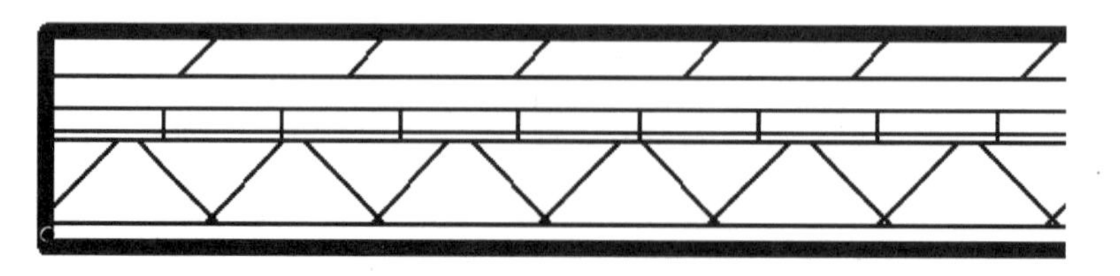

在平面视图中显示的七层墙体

使用“编辑部件”对话框，每一层和区域的位置、厚度和材质都通过墙的类型属性来定义。

层

外部边

	功能	材质	厚度	包络	结构材质
1	面层 1 [4]	Masonry - Br	90' 0"	☑	
2	保温层/空气层 [3	Misc. Air Lay	750' 0"	☑	☐
3	涂膜层	Wood - Shea	0' 0"	☑	☐
4	衬底 [2]	Wood - Glue	18' 0"	☑	☐
5	核心边界	包络上层	0' 0"		
6	结构 [1]	Metal - Stud	150' 0"	☐	☑
7	核心边界	包络下层	0' 0"		
8	涂膜层	Vapor / Mois	0' 0"	☑	☐
9	面层 2 [5]	Fabric	12' 0"	☑	☐

图 1.3.2-4

层行：对应于墙层或区域

一个层指定给一个行。它的厚度固定，可以在所指定的行中修改它的厚度。还可以将结构材质指定给每个图层，还可以使用多种工具来修改垂直复合墙的结构。可以添加、删除或修改各个层和区域，或添加墙饰条和分隔缝，来自定义墙类型。

（3）墙的拆分

编辑垂直复合墙的结构时，要使用“拆分区域”工具在水平方向或垂直方向上，将一个墙层（或区域）分割成多个新区域。拆分区域时，新区域采用与原始区域相同的材质。

若要访问“拆分区域”工具，需打开墙类型的“编辑部件”对话框。要水平拆分层或区域，需高亮显示一条边界。高亮显示边界时，会显示一条预览拆分线（图 1.3.2-5）。

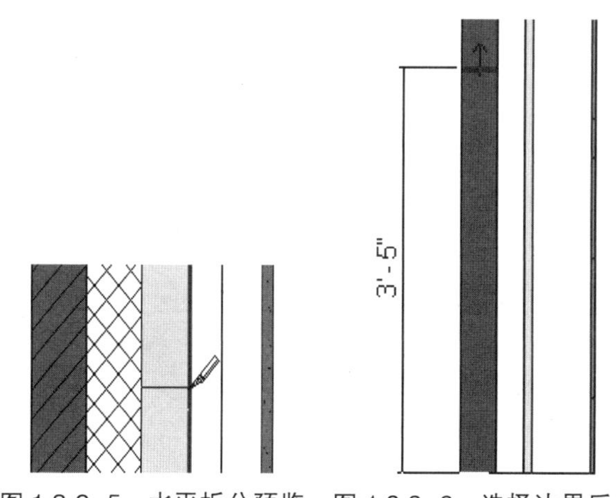

图 1.3.2-5　水平拆分预览　图 1.3.2-6　选择边界后会显示蓝色控制箭头

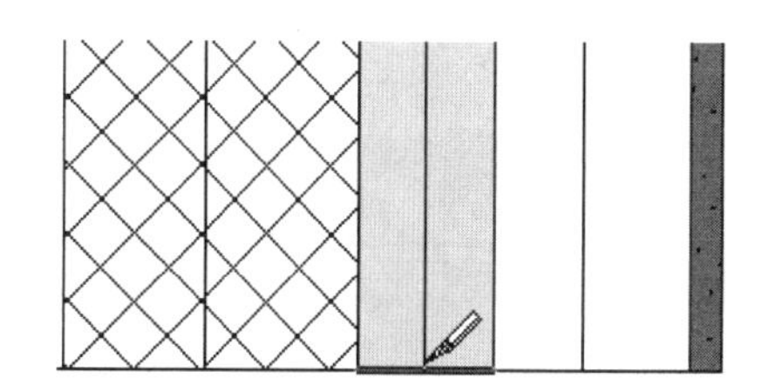

图 1.3.2-7　垂直拆分预览

水平拆分区域或层之后，单击各区域之间的边界。此时将显示一个蓝色的控制箭头

(图 1.3.2-6)，带有临时尺寸标注。如果单击该箭头，则会在墙顶部与底部之间的约束及其临时尺寸标注之间切换。

要垂直拆分层或区域，需高亮显示并选择水平边界（图 1.3.2-7）。此边界可能是外边界，但如果进行了水平拆分，则也可能是所创建的内边界。

【提示】放大外部水平边界，以对其进行垂直拆分。

合并区域时，高亮显示边界时光标所在的位置决定了合并后要使用的材质（图 1.3.2-8、图 1.3.2-9）。

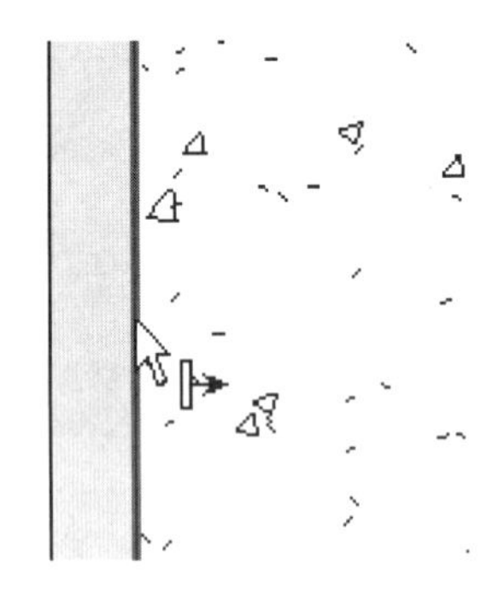

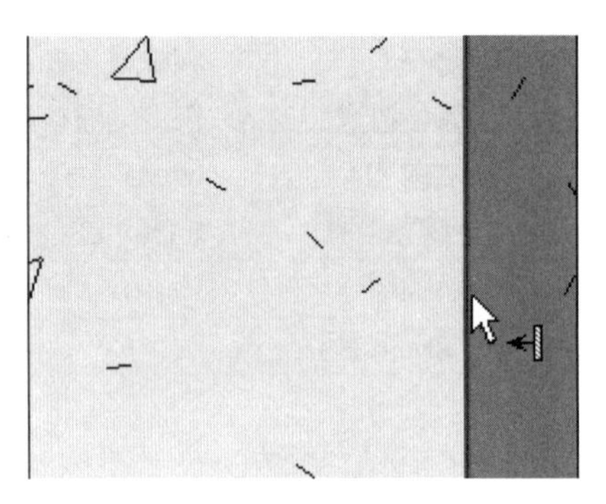

图 1.3.2-8　合并时左边区域的材质优先

图 1.3.2-9　合并时右边区域的材质优先

(4) 墙饰条的添加

首先在“编辑部件”对话框中单击“墙饰条”（图 1.3.2-10），单击“添加”，在“轮廓”列中单击，然后从下拉列表中选择一个轮廓，为其指定墙饰条材质。

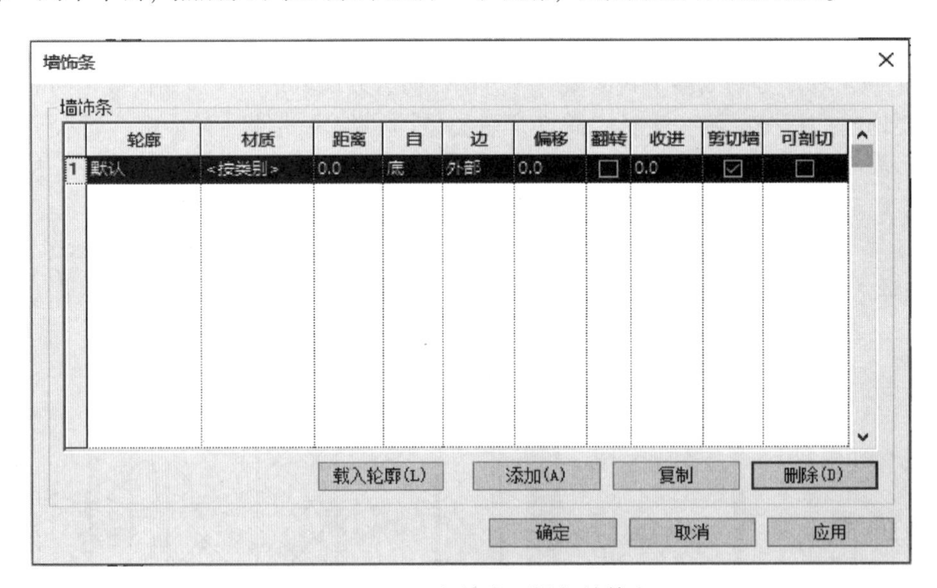

图 1.3.2-10　向墙类型添加墙饰条

① 指定到墙顶部或底部（在“自”列中选择顶部或底部）之间的距离作为“距离”。

② 指定内墙或外墙作为“边”，如有必要，为“偏移”指定一个值，负值会使墙饰条朝墙核心方向移动。

③ 选择“翻转”以测量到墙饰条轮廓顶而不是墙饰条轮廓底的距离。

④ 为“收进”指定到附属件（例如窗和门）的墙饰条收进距离。

⑤ 如果需要墙饰条从主体墙中剪切几何图形，则选择“剪切墙”。

⑥ 当墙饰条偏移并内嵌墙中时，会从墙中剪切几何图形（图 1.3.2-11）。在有许多墙饰条的复杂模型中，可以通过清除此选项提高性能，如果希望墙饰条由墙插入对象进行剖切，请选择“可剖切”。

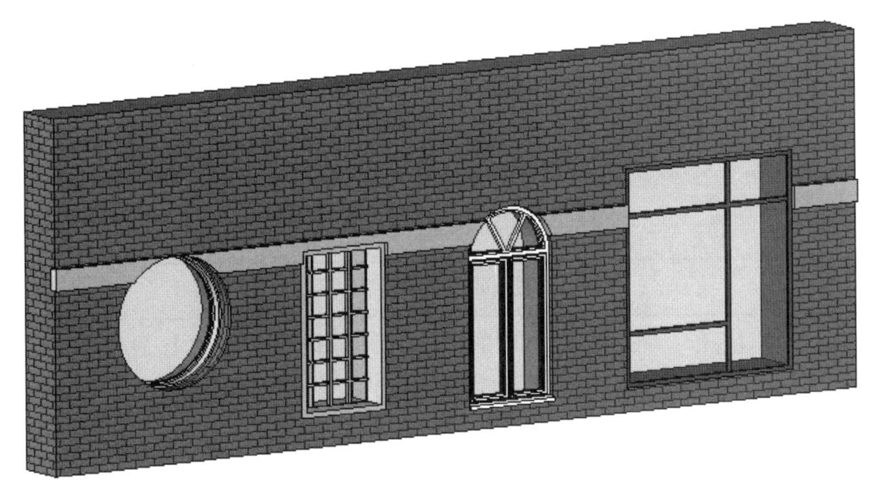

图 1.3.2-11 墙中剪切几何图形

1.4 结构梁板

本节学习目标：

(1) 梁的放置

(2) 梁的属性

(3) 梁、柱间的连接

(4) 修改子图元的用法

(5) 结构层的可变设置

1.4.1 梁的创建

单击“结构”选项卡➤“结构”面板➤（梁）

在选项栏上：指定放置平面（如果需要工作平面，而不是当前标高）。选择“三维捕捉”来捕捉任何视图中的其他结构图元。也可在当前工作平面之外绘制梁。例如，在启用了三维捕捉之后，不论高程如何，屋顶梁都将捕捉到柱的顶部。

选择“链”以依次连续放置梁。在放置梁时的第二次单击将作为下一个梁的起点，按 Esc 键完成链式放置梁。

在绘图区域中单击起点和终点以绘制梁。当绘制梁时，光标将捕捉到其他结构图元（例如柱的质心或墙的中心线），状态栏将显示光标的捕捉位置，如图 1.4.1-1 所示。

若要在绘制时指定梁的精确长度，在起点处单击，然后按其延伸的方向移动光标。开始键入所需长度，然后按 Enter 键以放置梁。

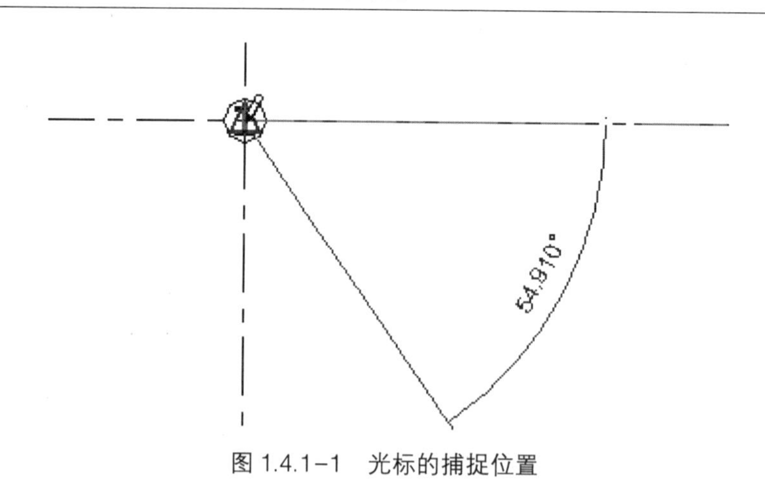

图 1.4.1–1　光标的捕捉位置

几何图形位置	
YZ 轴对正	使用“统一”可为梁的起点和终点设置相同的参数使用“独立”可为梁的起点和终点设置不同的参数
Y 轴对正	指定物理几何图形相对于 Y 方向上定位线的位置：“原点”“左侧”“中心”或“右侧”
Y 轴偏移值	几何图形在 Y 方向上偏移的数值
Z 轴对正	指定物理几何图形相对于 Z 方向上定位线的位置：“原点”“顶部”“中心”或“底部”
Z 轴偏移值	几何图形在 Z 方向上偏移的数值

（1）梁的属性

点击绘制好的混凝土梁，双击进入族编辑界面，我们转到楼层平面视图，观察一下梁的属性，如图 1. 4. 1–2 所示。

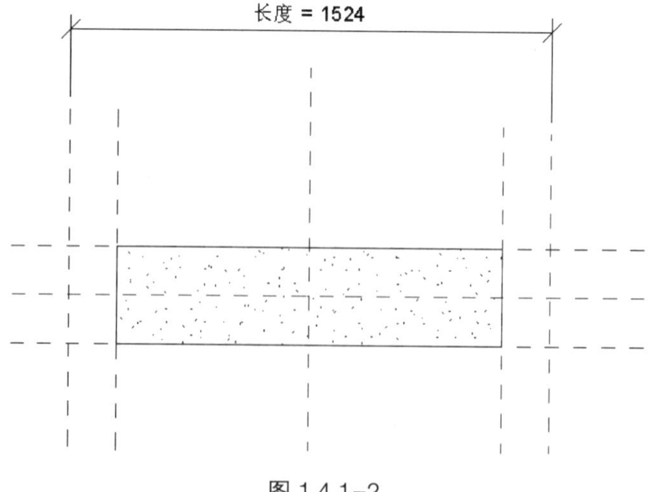

图 1.4.1–2

构件的实际长度并没有达到实际标明长度的值，而是有一段范围，我们借用柱与梁的关系，可以看到剪切长度是我们实际看到的长度，而尺寸标注里的长度实际为控制点到控制点的长度，如图 1.4.1-3 和 1.4.1-4 所示。

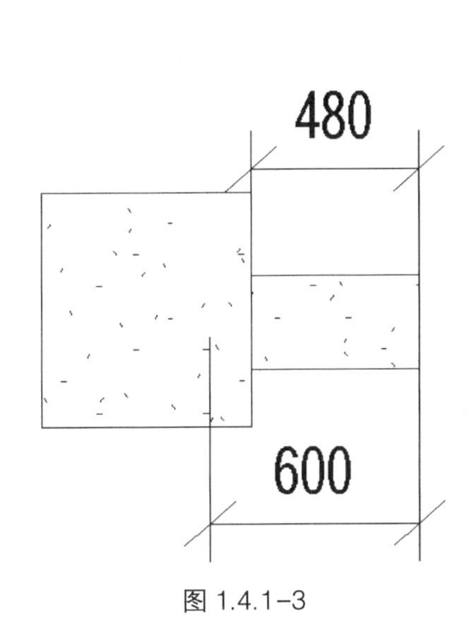

图 1.4.1-3

图 1.4.1-4

（2）关于取消连接的结构框架图元

当结构框架图元在模型中连接时，2 个图元之间的几何图形会以最简单的方式进行调整，而不一定是我们希望的方式。

可以手动调整连接图元的几何图形，但效果有限。

在以下示例中，“檩条”连接到带有角度的轻型支撑的梁。默认情况下，支撑连接到梁和檩条的原点，如图 1.4.1-5 所示。

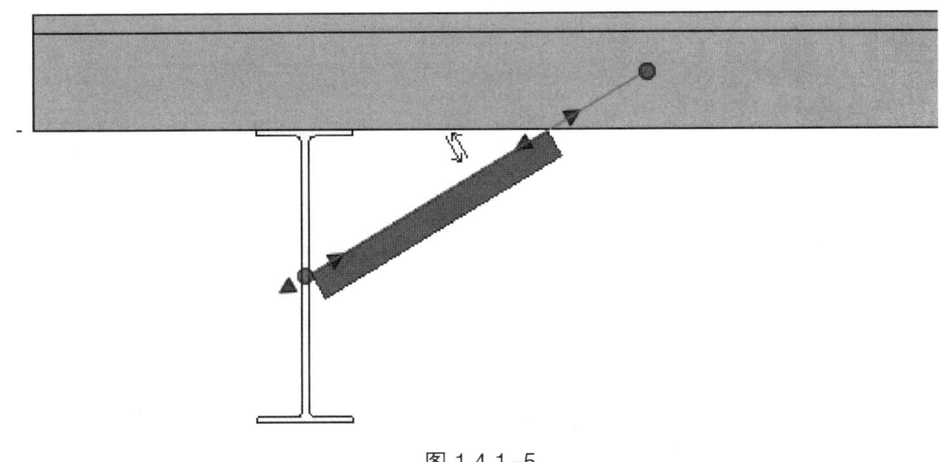

图 1.4.1-5

定位线的位置是由连接机构控制的，通过使用取消连接，可以操纵定位线。

若要调整支撑的终点位置使之更接近于梁的下翼缘，必须先取消梁终点位置的连接。右键单击连接（蓝色圆圈），然后从关联菜单中选择“不允许连接”。如果需要，可以在梁的任一端禁止连接，如图 1.4.1-6 所示。

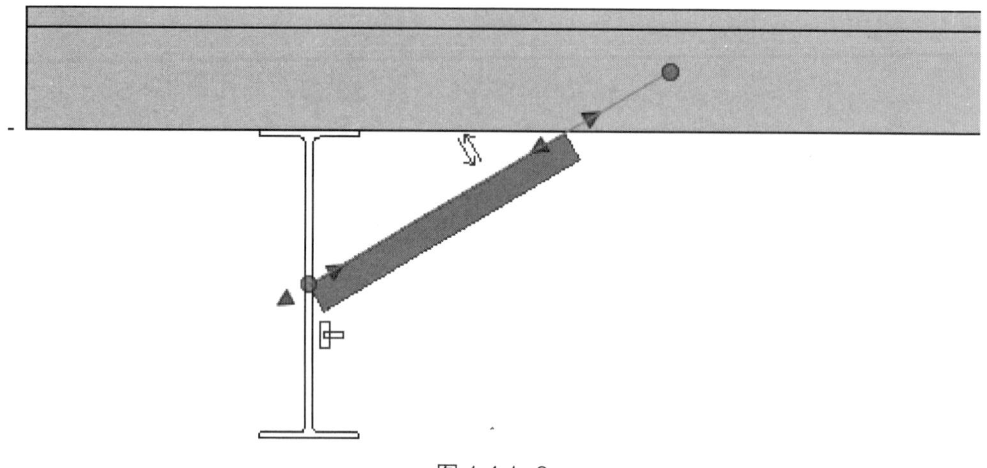

图 1.4.1-6

（3）混凝土连接中的主要图元

在剪切共享连接的图元几何图形以创建单个体量期间，混凝土连接中的图元将保留自己的几何图形。

在与其他图元共享连接时，结构楼板和墙拥有主控几何特征，并始终保持自己的几何图形。因此，它们不会自动彼此连接。其他混凝土元素优先情况如下。

表 1.4.1-1

图元	图元	主控图元
梁	梁	创建顺序
梁	柱	柱
独立基础	独立基础	创建顺序
独立基础	条形基础	独立基础

使用“切换连接顺序”工具可以反向连接图元。混凝土连接也可以手动取消连接。

（4）切换连接顺序

使用“切换连接顺序”工具可以反向连接图元，如图 1.4.1-7 所示。

打开显示要连接的图元的视图，单击“修改”选项卡➤“几何图形”面板➤“连接”下拉列表➤“切换连接顺序”。

如果要切换多个图元与某个公共图元的连接顺序，需选择选项栏上的“多个切换”选择一个图元，选择与第一个图元连接的另一个图元，如果正在使用“多个切换”选项，继续选择与第一个图元相交的图元，要退出该工具，单击“修改”或者按 Esc 键。

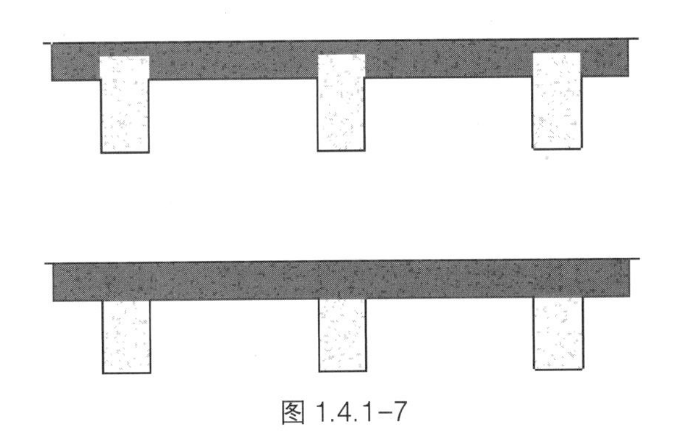

图 1.4.1-7

1.4.2　创建结构楼板

在功能区上，单击（结构楼板）。

【注意】结构板的属性栏“结构”选项勾掉就会成为建筑板。

在“类型选择器”中，指定结构楼板类型，在功能区上，可以绘制结构楼板而不是拾取墙。在功能区的“绘制”面板上，使用绘制工具（边界线）形成结构楼板的边界。草图必须形成闭合环或边界条件，在功能区上，单击（完成编辑模式）。

（1）关于编辑楼板和屋顶的形状

可以使用形状编辑工具，通过定义排水的高点和低点来处理水平（非倾斜）楼板的表面（图 1.4.2-1）。

通过指定这些点的高程，可以将表面拆分成多个可以独立倾斜的子面域，如图 1.4.2-2 所示。

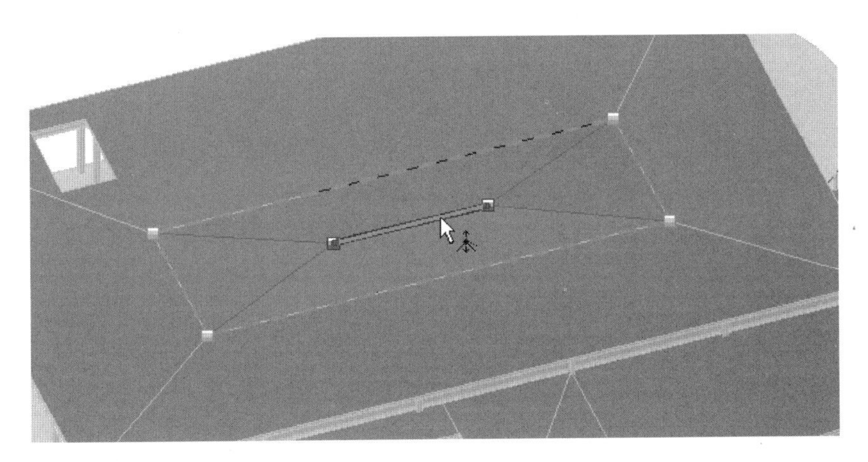

图 1.4.2-1

（2）形状编辑示例

使用形状编辑工具可以设置固定厚度楼板坡度或具有可变厚度层的楼板的顶面坡度，以便进行以下建模：

1. 由倾斜的非平面框架支撑的固定厚度的楼板或屋顶；

2. 用于倾斜水平平面表面的可变厚度材质（例如，变厚度板）。

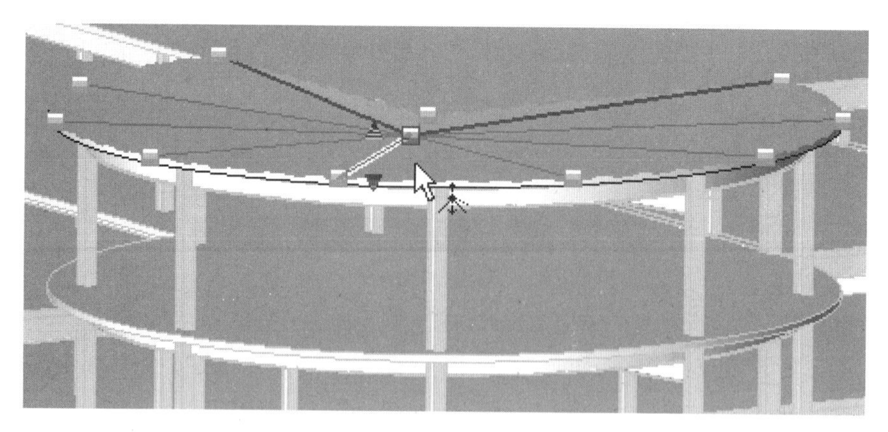

图 1.4.2-2

【注意】编辑了形状的楼板和屋顶不会报告真实的厚度。形状编辑工具用于形成适当的坡度，在这种情况下，真实厚度变化不重要。但是，随着坡度的增加，此变化也会增加。当坡度与预期厚度的偏离很大时，Revit 会发出警告，如图 1.4.2-3 所示。

图 1.4.2-3

为了启用形状编辑工具，楼板必须是平的，并且位于水平平面上，若不满足，则不能使用板形状编辑按钮。

【注意】如果以后由于对图元做了编辑而违反了条件，则板形状编辑将产生错误，并发出回调，使能重设板形状编辑。

可以使用“修改楼板”选项卡➤“形状编辑”面板上的下列形状编辑工具：子图元、添加点、添加分割线、拾取支座、重设形状。

【注意】使用这些工具编辑楼板或屋顶的形状不会影响到它的结构分析模型的形状。基于原始顶面的单个分析模型面保持不变。

【注意事项】

分割线。为了保持楼板/屋顶几何图形的精度，有时会自动创建分割线。如果分割线的创建条件不再有效，则自动创建的分割线将被删除。例如，如果 4 个非平面顶点变为平面顶点，或者手动创建分割线时。使用图元的内部边缘子类别绘制拆分线。

扭曲的楼板/屋顶。如果某平面的边界是 4 条非平面边界边缘或创建的分割线，则此平面将会变形。为了避免变形，需在相对顶点之间添加一条分割线。

（3）修改屋顶或结构楼板的形状

使用“修改子图元”工具，可以操作选定楼板或屋顶上的一个或多个点或边。

选择要修改的楼板或屋顶，单击“修改 | 楼板”选项卡➤“形状编辑”面板➤“修改子图元”。

【注意】选择“修改子图元”工具后，选项栏上将显示“高程”编辑框，可以在该框中输入所有选定子图元的公共高程值。此值是顶点与原始楼板顶面的垂直偏移，拖曳点或边缘以修改位置或高程，如图 1.4.2-4 所示。

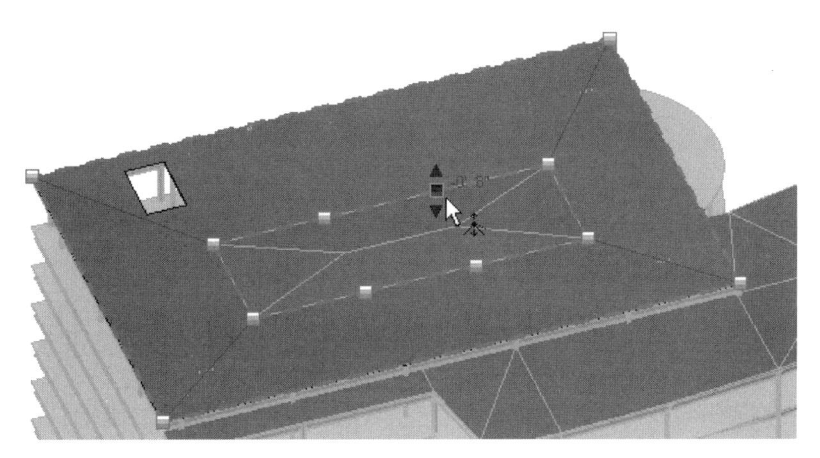

图 1.4.2-4

【注意】如果将光标放置在楼板的上方，可以按 Tab 键来拾取特定子图元。标准的选择方法同样适用。

拖曳蓝色箭头可以将点垂直移动；拖曳红色正方形（造型操纵柄）可以将点水平移动；单击文字控制点可为所选点或边缘输入精确的高度值。高度值表示距原始楼板顶面的偏移。

【注意】对于边来说，这意味着将中心移到指定高度，但两个端点的相对高度保持不变。

（4）修改屋顶或结构楼板的层厚度

可以选择可变厚度参数来修改屋顶或结构楼板的层厚度。

屋顶和楼板的可变层厚度参数会以下列方式影响形状编辑工具：

如果没有可变厚度层，则整个屋顶或楼板将倾斜，并在平行的顶面和底面之间保持固定厚度，如图 1.4.2-5 所示；

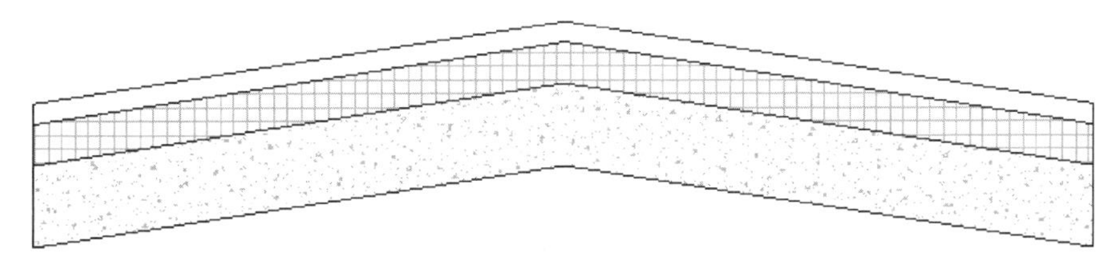

图 1.4.2-5

如果有可变厚度层，则屋顶或楼板的顶面将倾斜，而底部保持为水平平面，形成可变厚度楼板，如图 1.4.2-6 所示。

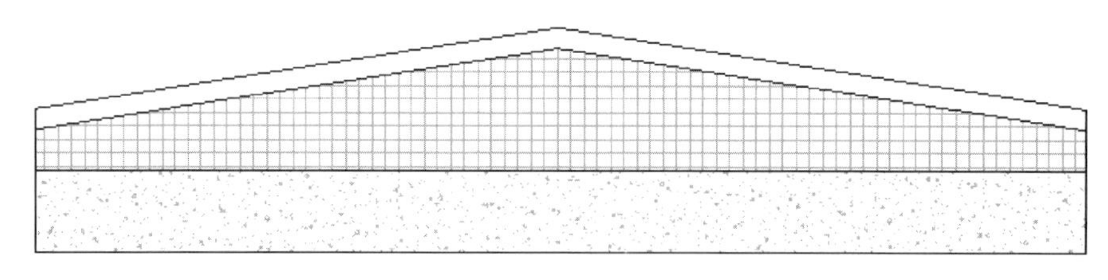

图 1.4.2-6

【注意】结构楼板具有“厚度”属性。如果此结构楼板具有结构楼板形状编辑，而且结构楼板类型包含可变层，则可使用此参数通过输入所需的值，将结构楼板设置为具有一致厚度。

1.5 钢结构

本节学习目标：

（1）钢梁的属性设置

（2）钢结构间的连接

钢结构主要是钢梁和钢柱，里面会有一些加强板连接件，螺栓之类的，结构连接是结构设计中的重要一环，Revit 提供了用于创建结构连接模型所需的工具，可以实现钢结构梁柱连接、钢结构柱脚连接、螺栓、各种预埋件等的建模。

在绘制梁的时候，Revit 默认就是钢结构的梁，绘制方式同各混凝土梁一样，梁和柱可以在视图中以缩略图的方式显示。在默认情况下，当视图的详细程度设置为“粗略”时，梁将显示为单线；而当视图详细程度为“中等”或“精细”时，则显示为真实的梁截面形状（图 1. 5-1）。

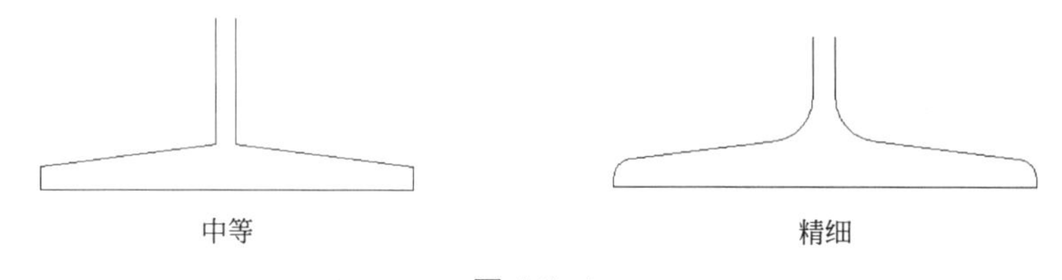

图 1.5-1

当梁连接到其他承重结构构件时，例如，连接到结构柱，在粗略视图精度下（即梁显示为简化单线条），可以显示梁与连接图元间的间隙，以满足出图的要求。

Revit 可根据默认的缩进设置调整非混凝土梁的收进和缩进。单击“结构”面板名称右侧的斜箭头，如图 1. 5-2 所示，可以打开“结构设置”对话框，设置梁、柱、支撑的

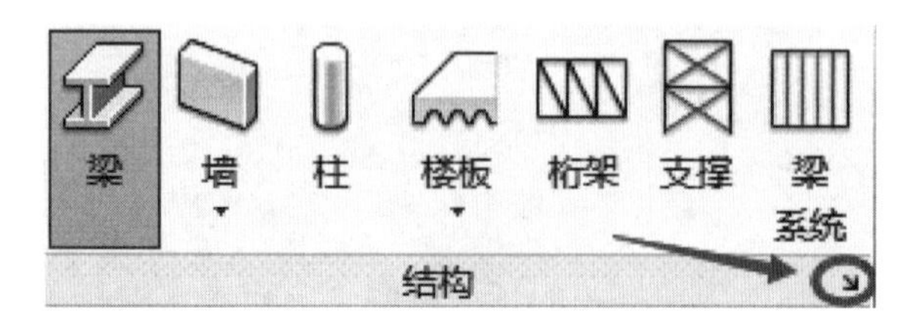

图 1.5-2

缩进距离，如图 1.5-3 所示。

结构设置

符号表示法设置　荷载工况　荷载组合　分析模型设置　边界条件设置

符号缩进距离

支撑:	2.5000 mm	柱:	1.5000 mm
梁/桁架:	2.5000 mm		

图 1.5-3

H 型钢和工字钢类似，都可以通过编辑类型相互转换（图 1.5-4）。

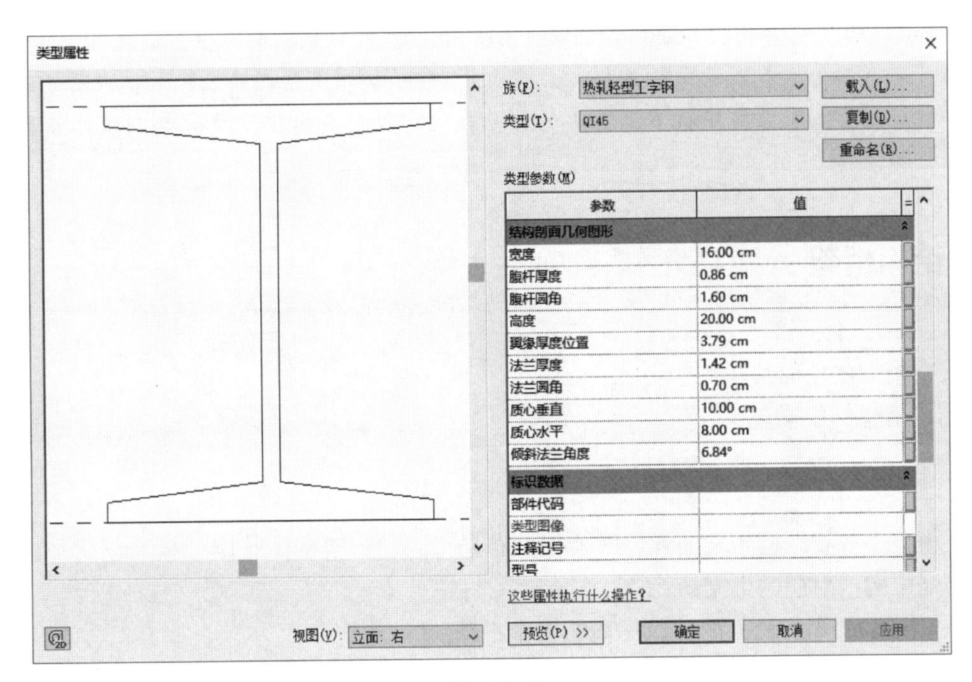

图 1.5-4

钢梁的长度和剪切长度同个混凝土梁一样，通过更改参照，把钢梁端头贴到柱的腹板上，有缝隙是因为钢结构的热胀冷缩，梁和梁之间通过更改参照再设置连接端切割，来实现连接（图 1.5-5、图 1.5-6）。

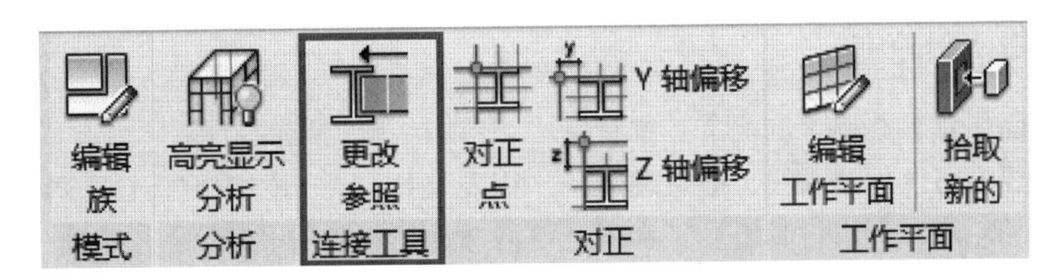

图 1.5-5

我们在属性栏更改材质的时候，直接用系统的就可以，自带有物理信息。

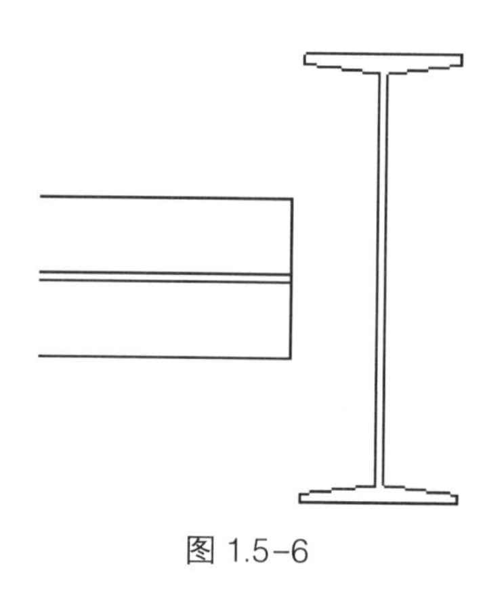

图 1.5-6

【提示】除了钢梁钢柱，还有加强板，如果说找不到加强板的位置，就去项目浏览器，拖进来；还有其他需载入的结构连接，放置的时候选择“放置在面上”。除加强板还有一些结构连接族，如果系统中找不到需要的族，我们可以用内建族，将族类别改为结构连接或是加强板。

1.6　结构桁架

本节学习目标：

（1）桁架的轮廓编辑

（2）桁架的放置

1.6.1　桁架的放置

在模型中放置结构桁架图元，转换桁架布局以匹配桁架整体跨度，从而创建与已转换桁架布局中的线对应的框架图元。

（1）打开要添加桁架的建筑标高的一个视图。

（2）单击“结构”选项卡➤“结构”面板➤（桁架）。

（3）从“属性”选项板上的“类型选择器”下拉列表中，选择桁架类型（图 1.6-1）。

（4）绘制方式同梁一样，需指定桁架的起点和终点，或单击（拾取线），然后选择约束该桁架模型所到的边或线。

1.6.2　编辑桁架轮廓

在非平面、垂直立面、剖面或三维视图中，可以编辑桁架的范围。

根据需要，可以创建新线、删除现有线，以及使用“修剪/编辑”工具调整轮廓。通过编辑桁架的轮廓，可以将其上弦杆和下弦杆修改为任何所需形状。

【注意】：不是所有桁架族都能正确转换为轮廓草图。为了使上弦杆和下弦杆与轮廓的形状吻合，布局里的上弦杆和下弦杆绘制线必须分别与顶部和底部参照平面重合。在轮廓草图中使用上弦杆和下弦杆参照工具绘制的曲线，定义了族的顶部和底部参照平面的转

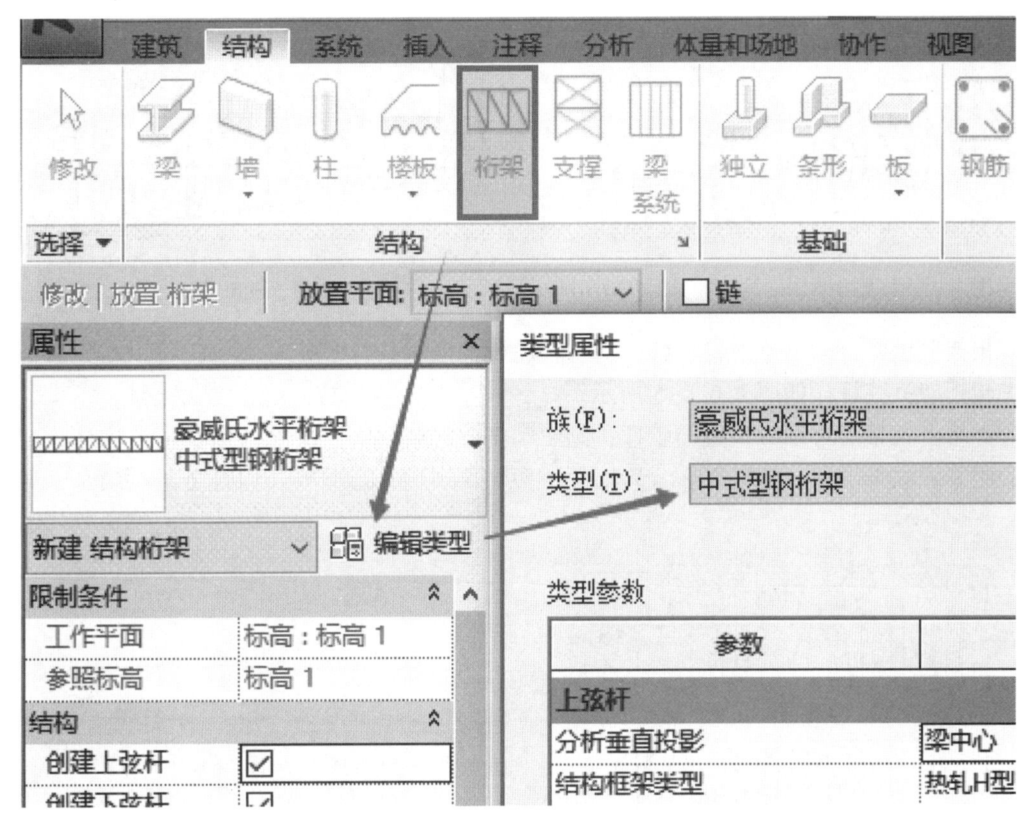

图 1.6-1

换，而不是上弦杆和下弦杆的形状。

(1) 选择要编辑的桁架。

(2) 单击“修改 | 结构桁架”选项卡➤“模式”面板➤“编辑轮廓”。

(3) 单击“修改 | 结构桁架”➤“编辑轮廓”选项卡➤“绘制”面板➤（上弦杆）或（下弦杆），如图 1.6.2-1 所示。

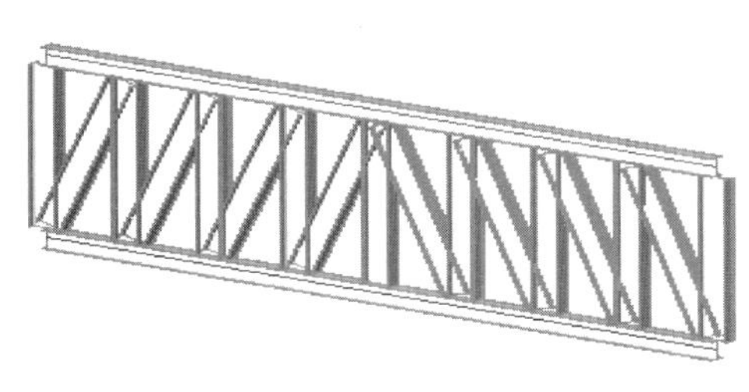

图 1.6.2-1

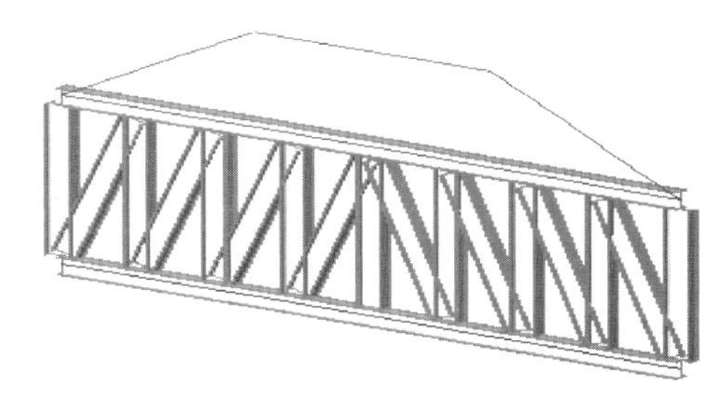

图 1.6.2-2

(4) 选择线工具。

(5) 绘制要将桁架约束到的轮廓，如图 1.6.2-2 和图 1.6.2-3 所示。

(6) 选择旧平面轮廓并将其删除，在功能区上，单击✔（完成编辑模式）。

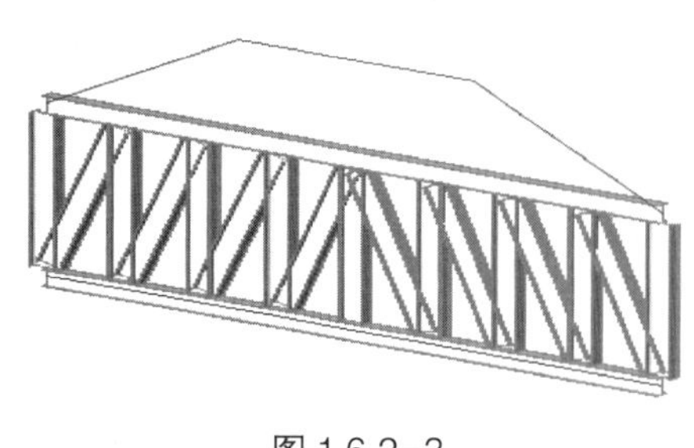

图 1.6.2-3

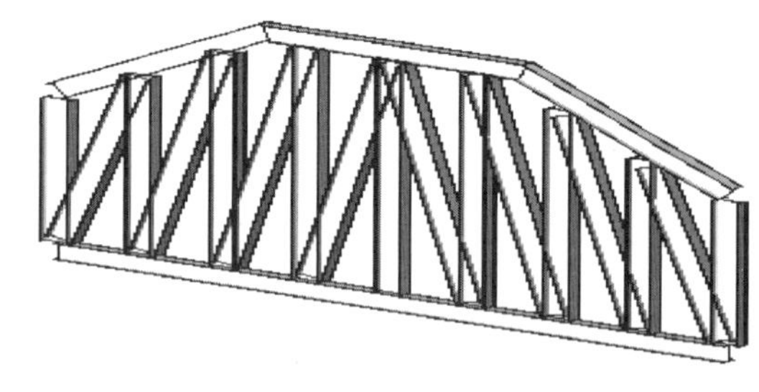

图 1.6.2-4

桁架模型将自动调整本身形状以适合新轮廓的限制条件。如有必要，可以在附着桁架时编辑桁架的弦杆，如图 1.6.2-5 所示。

如果将桁架附着到编辑后的弦杆，则轮廓将被忽略。弦杆的几何形状由结构楼板或屋顶的附着表面来确定。如果以后分离桁架，桁架轮廓形状将不放弃而且将显示出来，如图 1.6.2-6 所示。

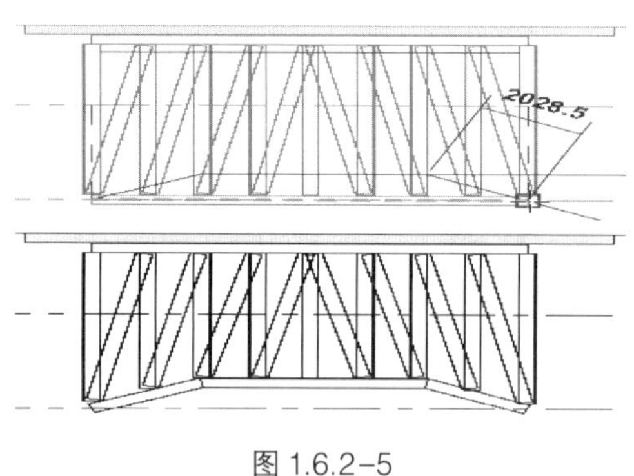

图 1.6.2-5

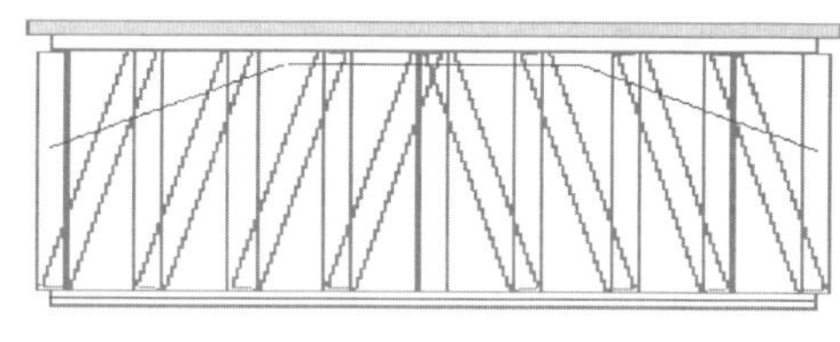

图 1.6.2-6

【提示】Revit 对于钢结构部分的功能还不完全，如有需要，新建族的方式能更好地表达出想要的效果。

1.7 结构分析

本节学习目标：

（1）什么是分析模型

（2）如何设置分析模型

分析模型是指对结构物理模型的全部工程说明进行简化后的三维表示。分析模型中包含了构成工程系统的结构构件、几何图形、材质属性和荷载。

结构的分析模型由一组结构构件分析模型组成，结构中的每个图元都与一个结构构件分析模型对应。以下结构图元具有结构构件分析模型：结构柱、结构框架图元（如梁和支撑）、结构楼板、结构墙以及结构基础图元（图 1.7-1）。

任何一个结构图元的分析模型中都包含：实例参数、物理材质属性、相对于结构构件自身的默认位置、相对于投影平面的位置，为放置位置或调整位置。

图 1.7-1　视图控制栏：显示分析模型

分析模型是在创建物理模型时自动创建的，可以导出到分析和设计应用程序。

在 Revit 中创建物理模型（图 1.7-2），并使其位于表示物理结构的视图中。可将物理模型视为一组生产图纸。在构建物理模型的同时将动态创建分析模型（图 1.7-3）。

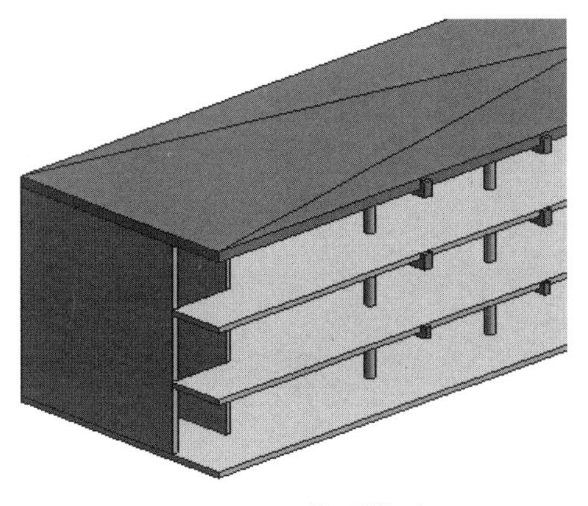

图 1.7-2　物理模型

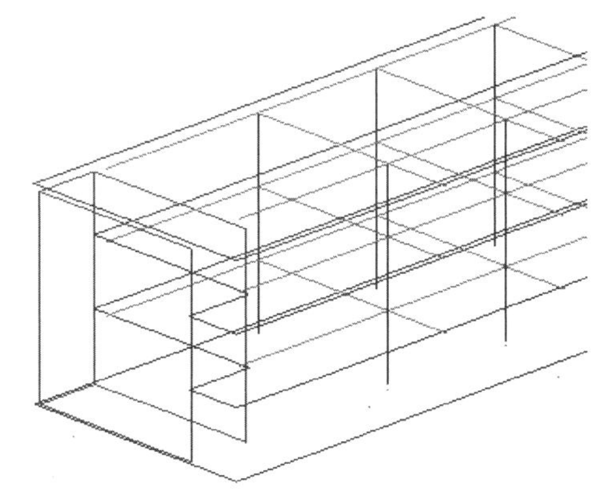

图 1.7-3　分析模型

在物理模型中看到的结构图元的粗略表示不是分析模型。分析模型最初在几何方面要依赖物理模型，但这两者可被视为相互无关的对象。

1.7.1　荷载

将结构荷载应用到分析模型以评估设计中可能存在的变形和压力。

可以将点、线和面荷载应用到分析模型（图 1.7.1）。

（1）单击“分析”选项卡➤“分析模型”面板➤（荷载）以访问荷载工具。

（2）单击“修改 | 放置荷载”选项卡➤“荷载”面板➤（点荷载）（线荷载）（面荷载）（主体点荷载）（主体线荷载）（主体面荷载）。

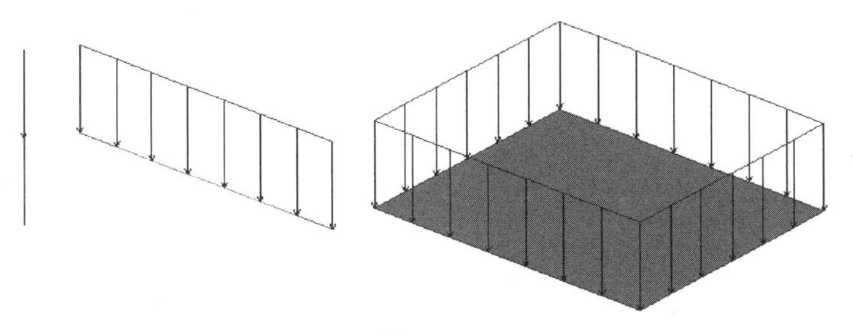

图 1.7.1

这六个荷载几何图形中的每一个都是包含实例和类型参数的族。在放置荷载前后，可以编辑荷载力和弯矩参数，可以修改荷载数量和荷载工况，也可以将荷载组合应用于模型。

1.7.2 添加荷载工况

（1）单击“分析”选项卡➤“分析模型”面板➤（荷载工况）（图 1.7.2–1）。

建筑
结构
系统
插入
注释
分析
体量和场地
边界条件
荷载
荷载工况
荷载组合
调整
重设
支座
一致性
分析模型
分析模型工具

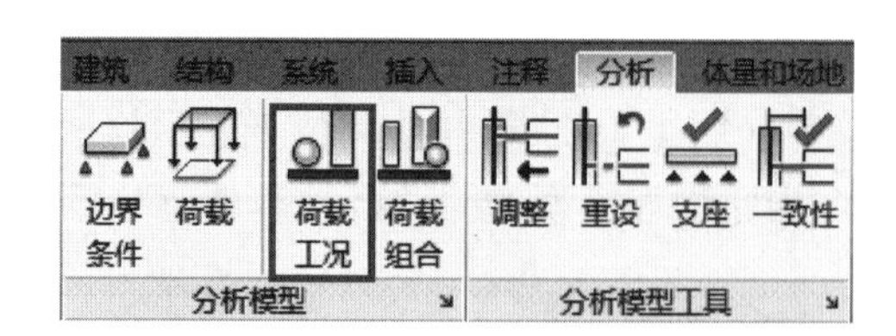

图 1.7.2–1

（2）单击“添加”按钮（图 1.7.2–2）。此时添加了“新工况 1”作为表记录，“添加”也变成了“复制”（图 1.7.2–3）。

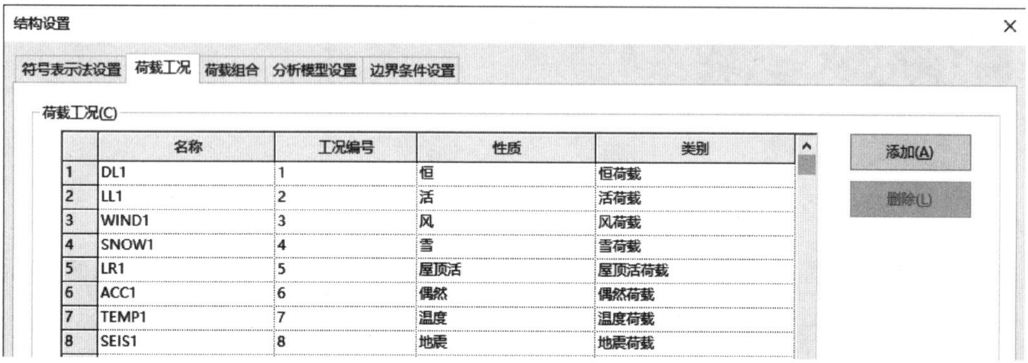

结构设置
符号表示法设置
荷载工况
荷载组合
分析模型设置
边界条件设置
荷载工况(C)
添加(A)
删除(L)

	名称	工况编号	性质	类别
1	DL1	1	恒	恒荷载
2	LL1	2	活	活荷载
3	WIND1	3	风	风荷载
4	SNOW1	4	雪	雪荷载
5	LR1	5	屋顶活	屋顶活荷载
6	ACC1	6	偶然	偶然荷载
7	TEMP1	7	温度	温度荷载
8	SEIS1	8	地震	地震荷载

图 1.7.2–2

结构设置
符号表示法设置
荷载工况
荷载组合
分析模型设置
边界条件设置
荷载工况(C)
复制(U)
删除(L)

	名称	工况编号	性质	类别
1	DL1	1	恒	恒荷载
2	LL1	2	活	活荷载
3	WIND1	3	风	风荷载
4	SNOW1	4	雪	雪荷载
5	LR1	5	屋顶活	屋顶活荷载
6	ACC1	6	偶然	偶然荷载
7	TEMP1	7	温度	温度荷载
8	SEIS1	8	地震	地震荷载
9	新工况 1	9	恒	偶然荷载

图 1.7.2–3

（3）单击该新荷载工况对应的“名称”单元格，并输入名称。

（4）单击新荷载工况对应的“类别”单元格，然后选择一个类别。

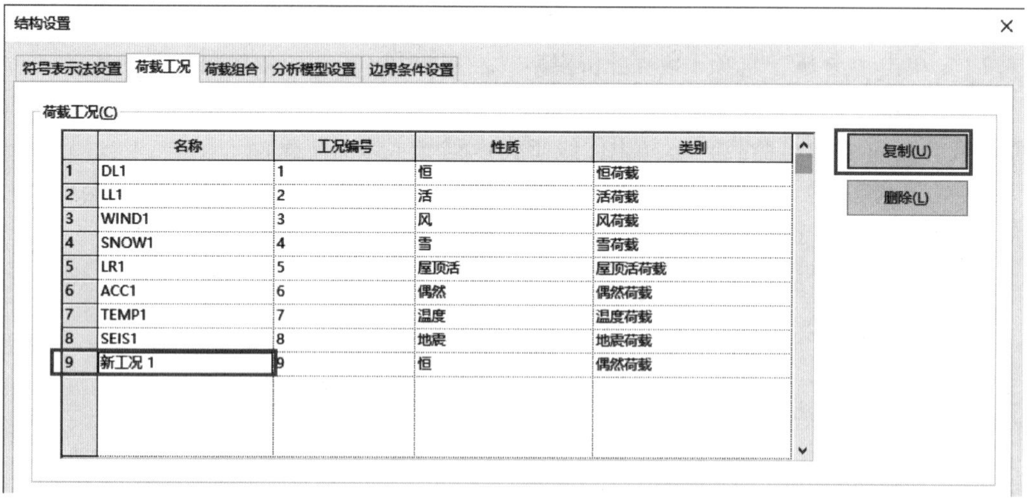

【提示】还有一种创建新荷载工况的方法：在表中选择现有的荷载工况，单击“复制”，然后根据需要编辑新荷载工况。“结构设置”对话框中的第二个表是“荷载性质”表。使用该表可添加或删除荷载性质（图1.7.2-4）。

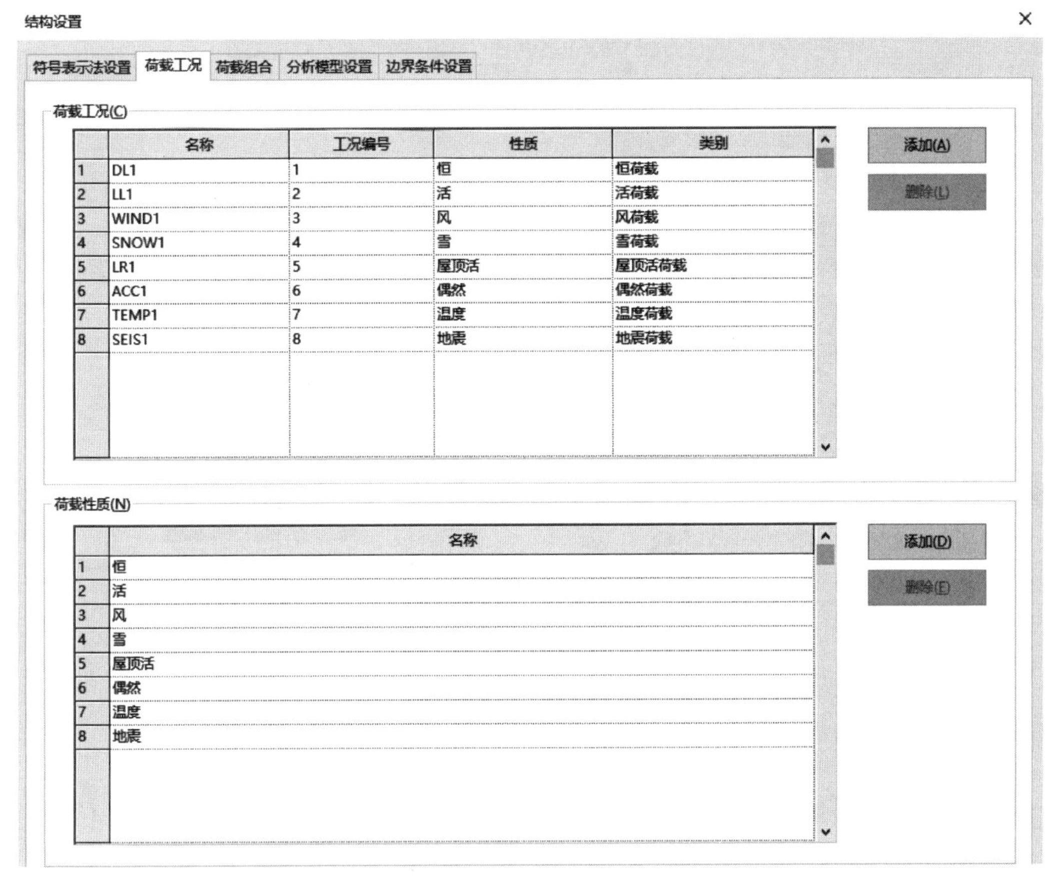

图1.7.2-4

1.7.3　添加荷载性质

（1）单击“分析”选项卡➤“分析模型”面板➤（荷载工况）。

（2）单击“荷载性质”表。

（3）单击“添加”按钮。此时表中添加了新的荷载性质记录。

【注意】在将“恒荷载”添加到模型中时，必须将结构自重的估计荷载包含在内。

（4）单击新荷载性质的单元格，根据需要修改荷载性质的名称。

1.7.4　添加荷载组合

可在“结构设置”对话框中编辑和添加荷载组合。

（1）单击“分析”选项卡➤“分析模型”面板➤（荷载组合），单击“荷载组合”表（图1.7.4-1）。

（2）单击“添加”，单击“名称”字段，然后输入名称。

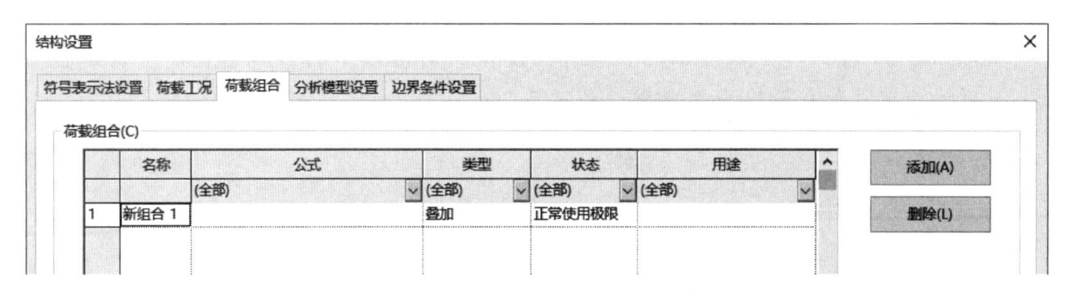

图 1.7.4-1

（3）单击“编辑所选公式”区域，然后单击同一区域中的“添加”，再单击“工况”或“组合”字段，以选择“工况”和“组合”，再单击“系数”字段以输入系数（图 1.7.4-2）。

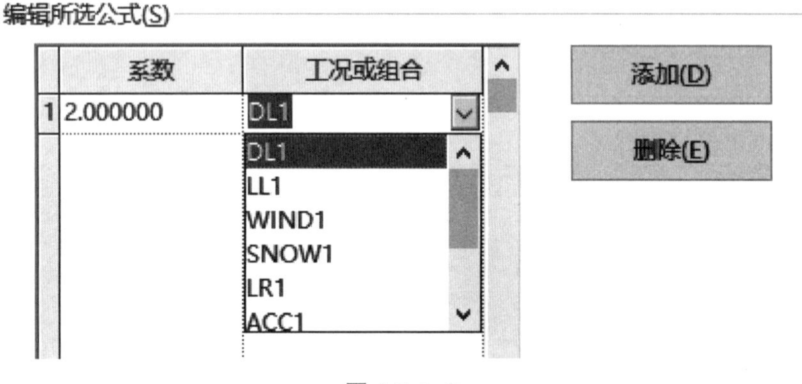

图 1.7.4-2

请注意，“荷载组合”表中的“名称”和“公式”字段发生了变化（图 1.7.4-3）。

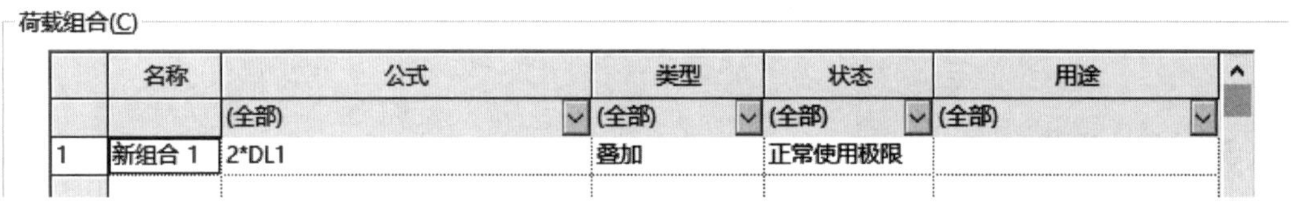

图 1.7.4-3

（4）再次单击“编辑所选公式”区域中的“添加”，单击“工况”或“组合”字段，以选择“工况”和“组合”值，单击“系数”字段以输入系数（图 1.7.4-4）。

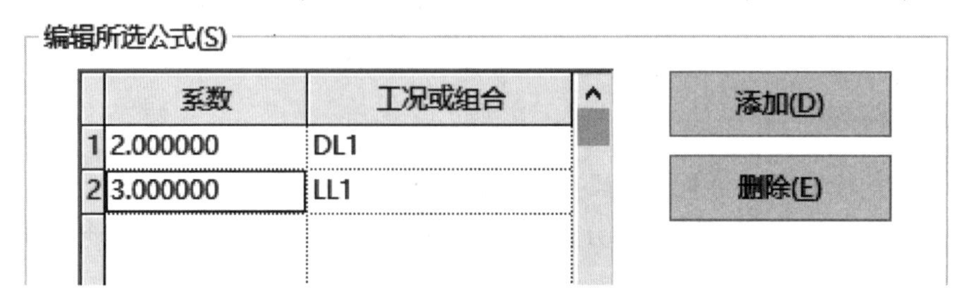

图 1.7.4-4

请注意，“荷载组合”区域中的“名称”和“公式”字段发生了变化（图 1.7.4-5）。

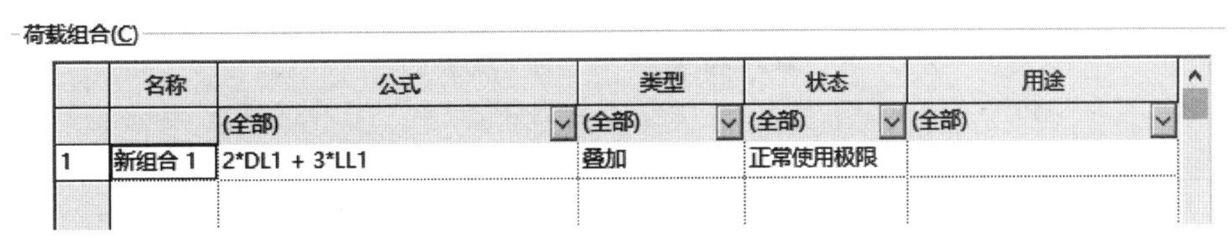

图 1.7.4-5

（5）在“荷载组合”表的“类型”字段中，选择“叠加”或“包络”，在“荷载组合”表的“状态”字段中，选择“正常使用极限状态”或“承载能力极限状态”。

（6）单击“荷载组合用途”字段，然后单击“添加”（图 1.7.4-6）。

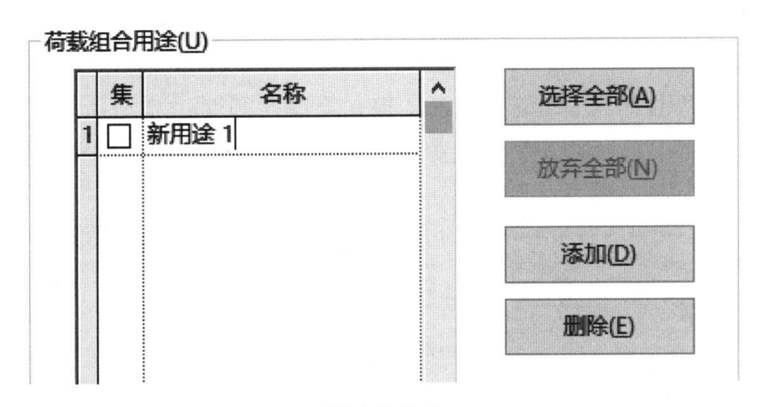

图 1.7.4-6

（7）单击“荷载组合”名称字段，以选择向其中添加新“荷载组合用途”的“组合”。

（8）在“荷载组合”字段中，选择要将一项新的“荷载组合用途”应用到的“荷载组合”。通过在“荷载组合”行中的任何位置单击，可实现此操作（图 1.7.4-7）。

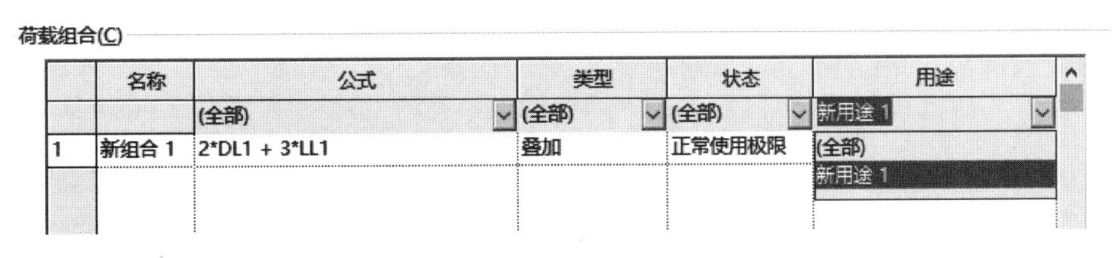

图 1.7.4-7

（9）在“荷载组合用途”字段中，单击所需的新“荷载组合用途”。

请注意，一选中“荷载组合用途”，它即应用于选定的“荷载组合”。

（10）单击“确定”退出该对话框。

1.7.5　过滤由附加模块生成的荷载组合

默认情况下，由附加模块生成的荷载组合将不显示。要查看它们，请选择“显示第三方生成的组合”。然而，它们是不可编辑的。

第 2 章　钢筋

2.1　结构钢筋绘制

本节学习目标：

（1）钢筋的放置

（2）钢筋的设置方式

2.1.1　钢筋

使用钢筋工具将钢筋图元（例如钢筋、加强筋或钢筋网）添加到有效的主体（如混凝土梁、柱、结构楼板或基础墙）。

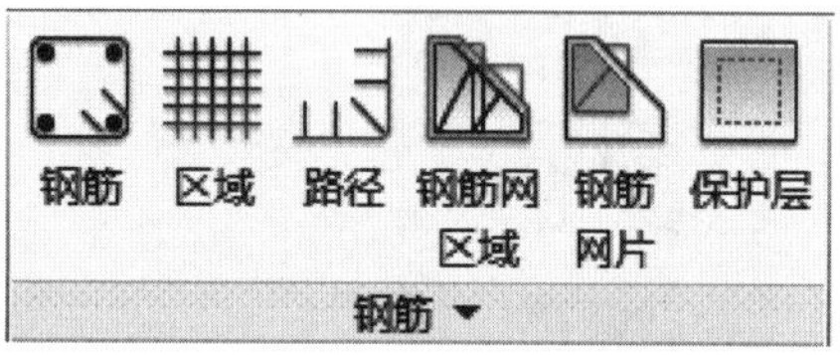

图 2.1.1-1

在选择了有效的主体图元时，“结构”选项卡的“钢筋”面板或“修改”选项卡上将出现钢筋工具（图 2.1.1-1）。

有效的钢筋主体由一个“用于模型行为的材质”参数值为“混凝土”或“预制混凝土”的有效族组成。此外，对于墙、楼板和楼板边缘，只要它们包含混凝土层且“结构用途”实例属性设置为非结构以外的其他选项，即为有效的主体（图 2.1.1-2）。

从表面图元（如墙和楼板）创建的混凝土零件拥有钢筋保护层，并且可以作为钢筋、钢筋集、区域钢筋、路径钢筋和钢筋网的主体。

【注意】可以允许“常规模型”图元作为钢筋的主体。在“族编辑器”中打开图元。在“属性”选项板上，选择“结构”部分中的“可作为钢筋主体”，如图 2.1.1-3 所示。将族重新载入到项目中。

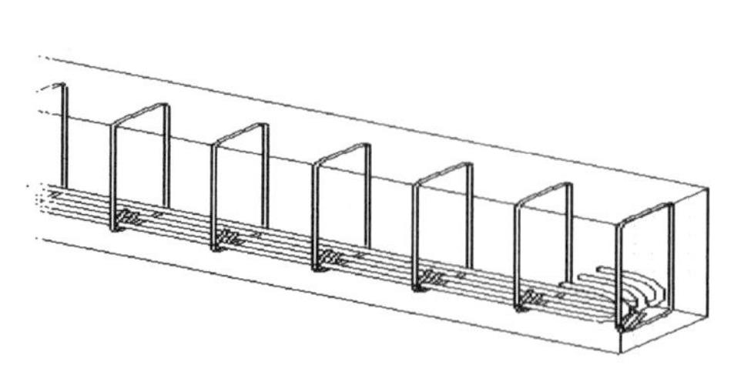

图 2.1.1-2

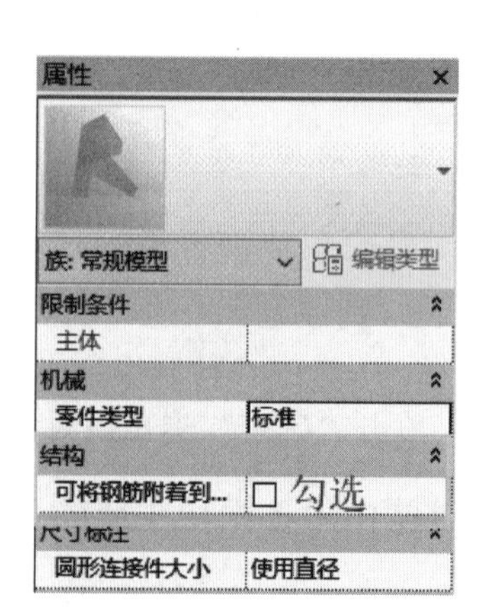

图 2.1.1-3

2.1.2　钢筋的放置

将单个钢筋实例放置在有效主体的剖面视图中。

(1) 单击“结构”选项卡➤“钢筋”面板➤（钢筋）（图 2.1.2-1）。

注：选中有效钢筋主体图元时，在其“上下文选项卡”中也可以找到该工具。

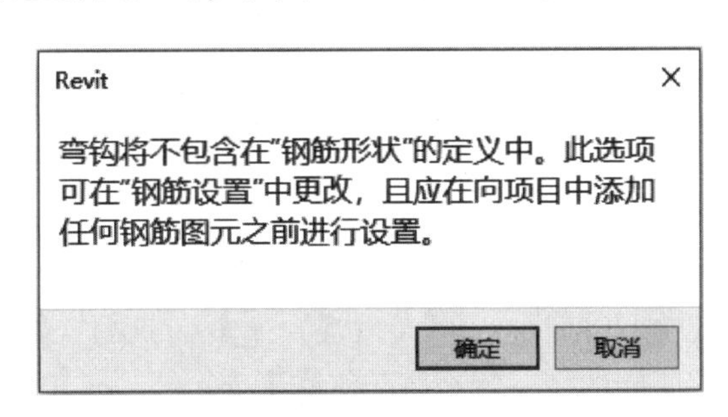

图 2.1.2-1

(2) 单击“修改 | 放置钢筋”➤“放置方法”面板➤（钢筋）。

(3) 在“属性”选项板顶部的“类型选择器”中，选择所需的钢筋类型。没有需要的可以点击（载入形状）以载入其他钢筋形状。

(4) 在选项栏上的“钢筋形状选择器”或“钢筋形状浏览器”中，选择所需的钢筋形状（图 2.1.2-2、图 2.1.2-3）。

图 2.1.2-2

图 2.1.2-3

(5) 选择放置平面。在“修改 | 放置钢筋”选项卡➤“放置平面”面板中，单击以下放置平面之一：（当前工作平面）、（近保护层参照）、（远保护层参照）。

此平面定义主体上钢筋的放置位置。

2.1.3　平面钢筋

在“修改 | 放置钢筋”选项卡➤“放置方向”面板中，单击以下放置方向之一：（平行于工作平面）、（平行于保护层）、（垂直于保护层）（图 2.1.3）。

方向定义为在放置到主体中时的钢筋对齐方向。

2.1.4　多平面钢筋

在“修改 | 放置钢筋”选项卡➤“放置透视”面板中，单击以下放置透视之一：

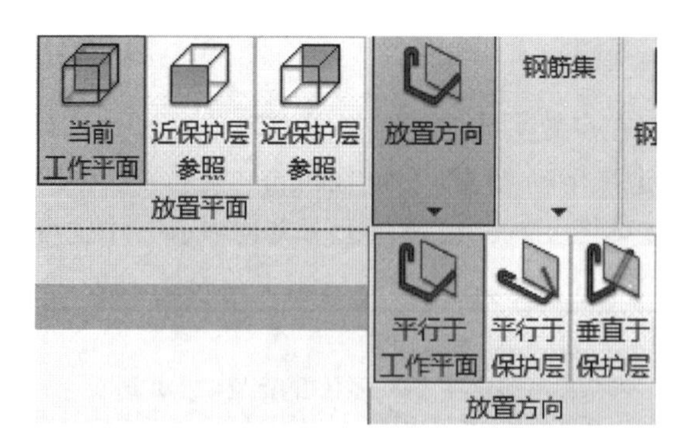

图 2.1.3

（俯视）、（仰视）、（前视）、（后视）、（右视）、（左视）。

透视定义了多平面钢筋族的哪一侧平行于工作平面。

2.1.5　钢筋和钢筋接头在视图中的可见性

模型中的钢筋图元包含在主体图元中。在隐藏线视图中它们则被主体所遮挡。

各个钢筋图元（包括钢筋接头）都包含视图可见性设置，该设置是实例属性。下面显示了新的钢筋默认值的“视图可见性”设置：

（1）在当前视图中为“开”。

（2）在项目的所有剖面视图中为“开”。

（3）在项目的所有其他视图中为“关”。

选择要使其可见的所有钢筋实例和钢筋集。要选择多个实例，请在按住 Ctrl 键的同时进行选择。

在“属性”选项板中，单击“视图可见性状态”对应的“编辑”按钮（图 2.1.5-1）。

钢筋图元视图可见性状态　?　×

在三维视图(详细程度为精细)中清晰显示钢筋图元和/或显示为实心。

单击列页眉以修改排序顺序。

视图类型	视图名称	清晰的视图	作为实体查看
三维视图	分析模型	☐	☐
三维视图	{三维}	☐	☐
剖面	剖面 1	☑	☐
立面	南	☐	☐
立面	东	☐	☐
立面	北	☐	☐
立面	西	☐	☐
结构平面	标高 1	☐	☐
结构平面	标高 2	☐	☐
结构平面	标高 2 - 分析	☐	☐
结构平面	标高 1 - 分析	☐	☐
结构平面	场地	☐	☐

确定　取消

图 2.1.5-1

在“钢筋图元视图可见性状态”对话框中，选择要使钢筋可在其中清晰查看的视图(无论采用何种视觉样式)，钢筋将不会被其他图元遮挡，而是保持显示在所有遮挡图元的前面（图2.1.5-2、图2.1.5-3）。

【注意】被剖切面剖切的钢筋图元始终可见。该设置对这些钢筋实例的可见性没有任何影响。

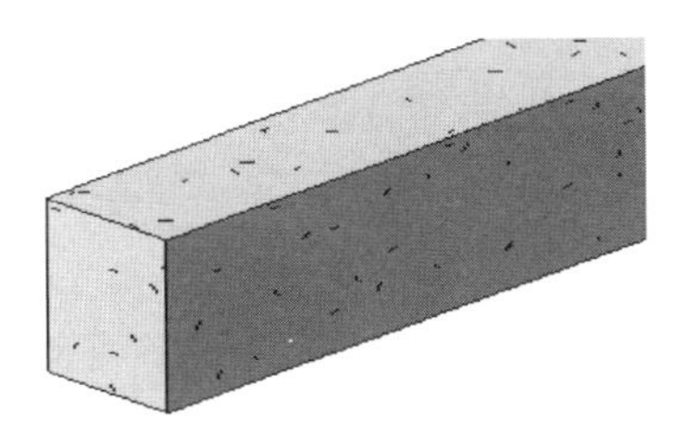

图2.1.5-2 遮挡（默认设置）

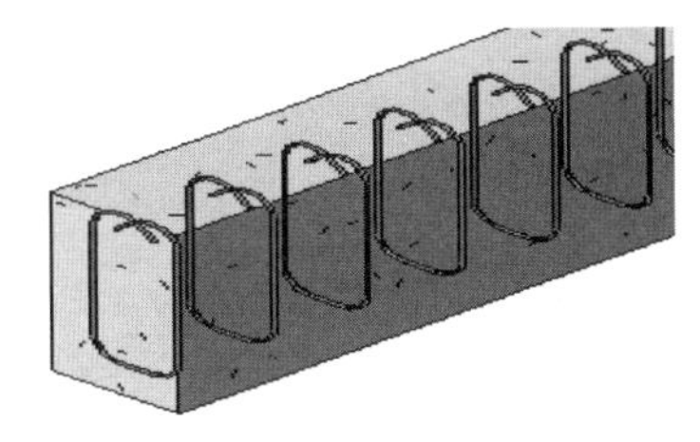

图2.1.5-3 清晰

禁用该参数以在除“线框”外的所有“视觉样式”视图中隐藏钢筋。

或者，选择要在其中将钢筋作为实体显示的三维视图（图2.1.5-4）。在将视图的详细程度设置为精细时，这是表示其实际体积。在三维视图中钢筋接头图元始终作为实体显示（图2.1.5-5）。

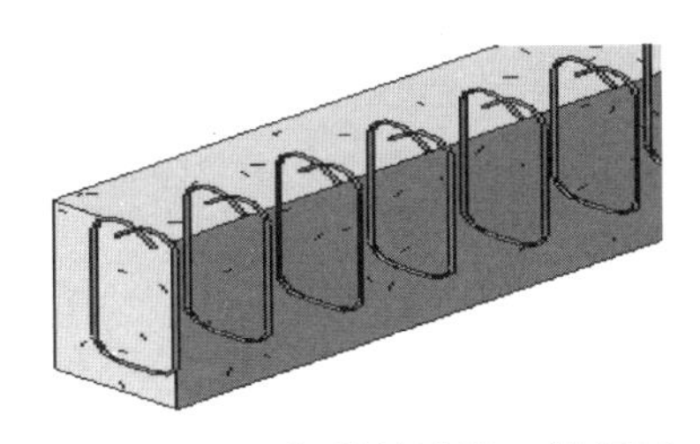

图2.1.5-4 钢筋的默认三维视图

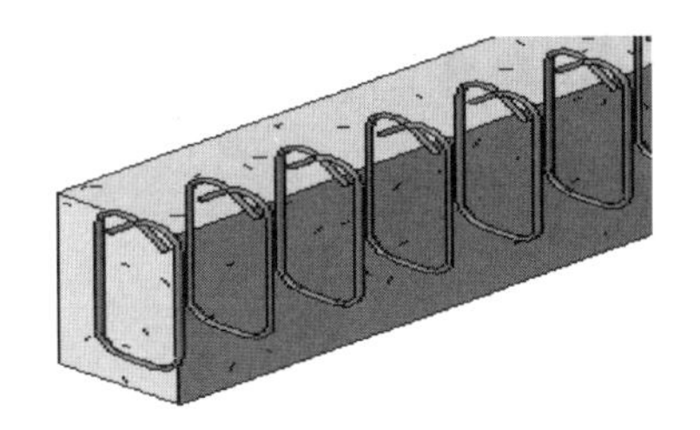

图2.1.5-5 实体钢筋

钢筋的表示符号不好打，可以通过abdc代替，数字为屈服强度，HRB表示螺纹（带肋）钢筋，HPB为光圆钢筋；系统默认的钢筋造型有53种，可以通过属性栏更改造型样式，放置钢筋前需要在属性栏设置弯钩（图2.1.5-6）。

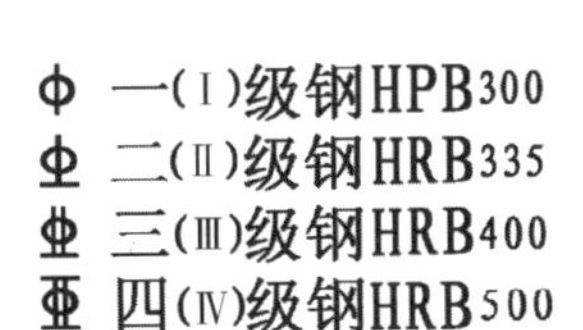

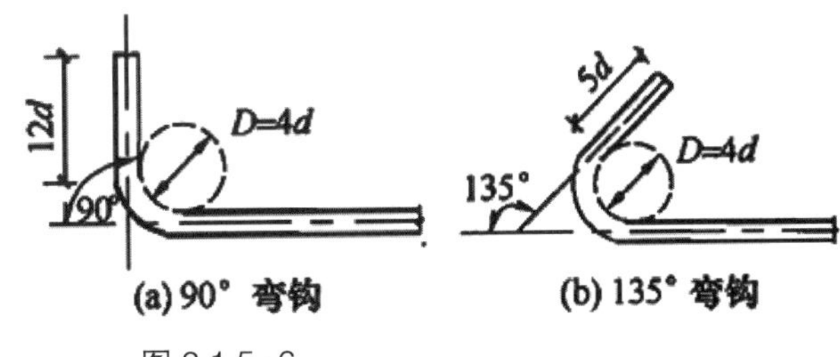

图2.1.5-6

2.2 结构墙柱、梁板配筋

本节学习目标：

（1）柱梁平法识图

（2）区域钢筋的设置

本节课需要专业识图，详见《16G101-1》第一至第二章“柱、剪力墙平法施工图制图规则”。

2.2.1 柱、剪力墙平法识图

图 2.2.1-1～图 2.2.1-7 是部分截图：

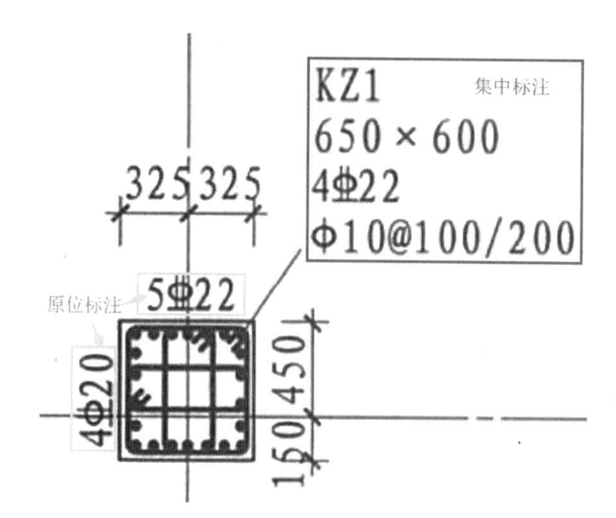

名称 KZ1 代表框柱

650×600：水平尺寸 650×竖直尺寸 600

4Φ22：4 个角部为直径 22 的三级钢

4Φ20：4 根直径为 20 的三级钢

5Φ22：5 根直径为 22 的三级钢

φ10@ 100/200：箍筋为直径 10 的一级钢，加密区间距 100，非加密区间距 200

图 2.2.1-1

见《16G101-1》第 12 页

【注意】原位标注优先集中标注。

剪力墙身表

编号	标　　高	墙　厚	水平分布筋	垂直分布筋	拉筋(矩形)
Q1	-0.030～30.270	300	Φ12@200	Φ12@200	φ6@600@600
	30.270～59.070	250	Φ10@200	Φ10@200	φ6@600@600
Q2	-0.030～30.270	250	Φ10@200	Φ10@200	φ6@600@600
	30.270～59.070	200	Φ10@200	Φ10@200	φ6@600@600

图 2.2.1-2

见《16G101-1》第 22 页

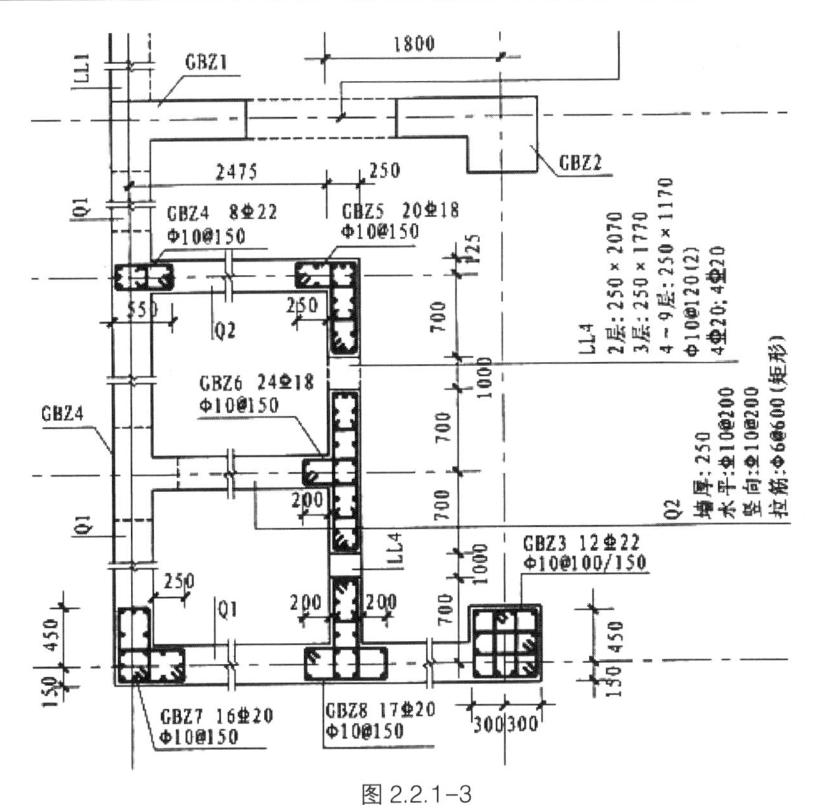

图 2.2.1-3

见《16G101-1》第 24 页

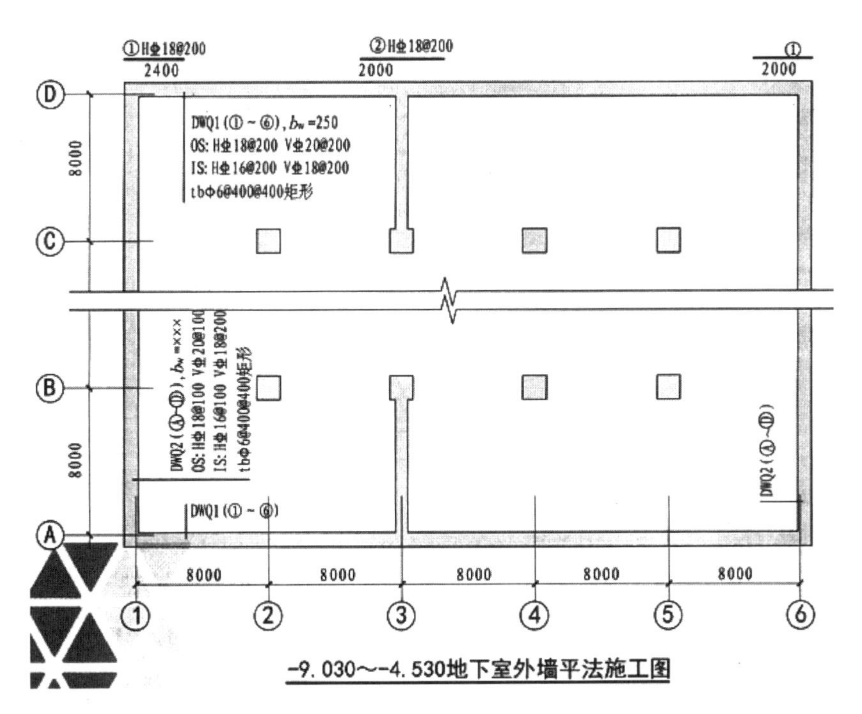

图 2.2.1-4

见《16G101-1》第 25 页

3.5.4 地下室外墙的集中标注，规定如下：

1. 注写地下室外墙编号，包括代号、序号、墙身长度（注为××～××轴）。

2. 注写地下室外墙厚度 b_w=×××。

3. 注写地下室外墙的外侧、内侧贯通筋和拉筋。

(1) 以 OS 代表外墙外侧贯通筋。其中，外侧水平贯通筋以 H 打头注写，外侧竖向贯通筋以 V 打头注写。

(2) 以 IS 代表外墙内侧贯通筋。其中，内侧水平贯通筋以 H 打头注写，内侧竖向贯通筋以 V 打头注写。

(3) 以 tb 打头注写拉结筋直径、强度等级及间距，并注明“矩形”或“梅花”（见本规则第 3.2.4 条第 3 款）。

【例】DWQ2(①～⑥)，b_w=300

OS：H⏀18@200，V⏀20@200

IS：H⏀16@200，V⏀18@200

tb Φ6@400@400 矩形

表示 2 号外墙，长度范围为①～⑥之间，墙厚为 300；外侧水平贯通筋为 ⏀18@200，竖向贯通筋为 ⏀20@200；内侧水平贯通筋为 ⏀16@200，竖向贯通筋为 ⏀18@200；拉结筋为 Φ6，矩形布置，水平间距为 400，竖向间距为 400。

图 2.2.1-5

梁平法详见《16G101-1》第四章“梁平法施工图制图规则”第 26~29 页。

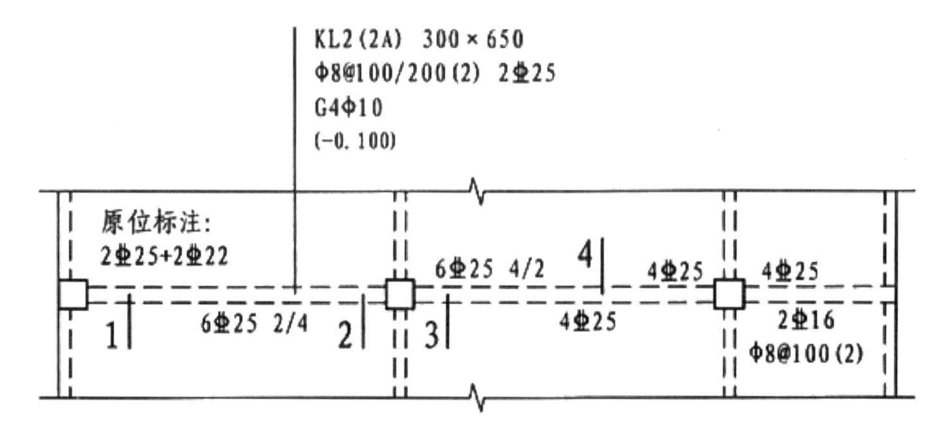

第 2 号框梁，有两跨，一端有悬挑，梁截面尺寸宽为 300，高为 650；
Φ8@100/200(2) 2⏀25：箍筋为直径为 8 的一级钢，加密区间距为 100，非加密区间距为 200，均为二支箍；
2⏀25：梁的上部通长筋为 2 支直径为 25 的三级钢；
G4Φ10：梁的两个侧面纵向构造筋为 4 根直径为 10 的一级钢，每侧各配 2 根。

图 2.2.1-6

楼板识图详见《16G101-1》第七章“楼板相关构造制图规则”第 49 页。

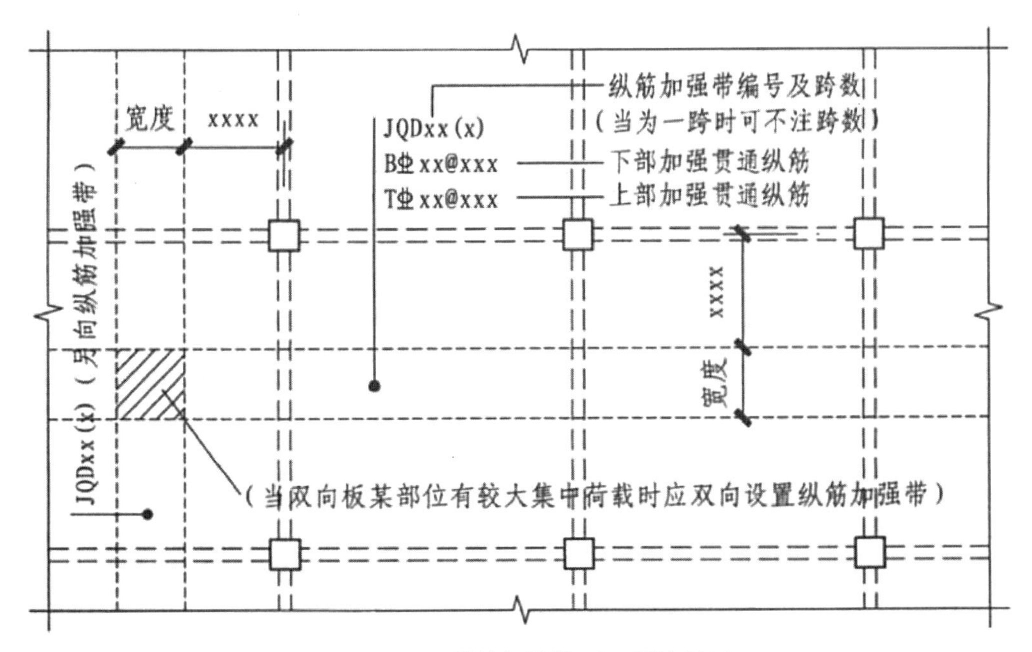

图 2.2.1-7　纵筋加强带 JQD 引注图示

2.2.2　放置区域钢筋

使用常用的绘制工具来定义覆盖一片区域的钢筋网片系统的边界，在楼板、墙或基础底板中为需要钢筋的大面积区域绘制区域钢筋。

1. 单击“结构”选项卡➤“钢筋”面板➤▦（区域）。

【注意】此工具还可以从作为有效钢筋主体的图元的选择“上下文选项卡”上找到。

选择要放置区域钢筋的楼板、墙或基础底板。

2. 单击“修改 | 创建钢筋边界”选项卡➤“绘制”面板➤（线形钢筋）。

3. 单击一次即可选择区域钢筋草图的起点，继续选择点，直到形成闭合环为止，平行线符号表示区域钢筋的主筋方向边缘（图 2.2.2-1）。

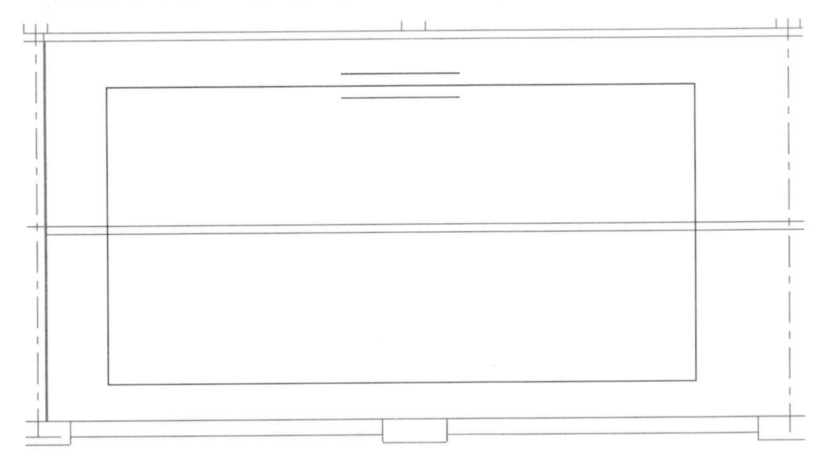

图 2.2.2-1

4. 单击“修改 | 创建钢筋边界”选项卡➤“模式”面板➤✔（完成编辑模式）（图 2.2.2-2）。

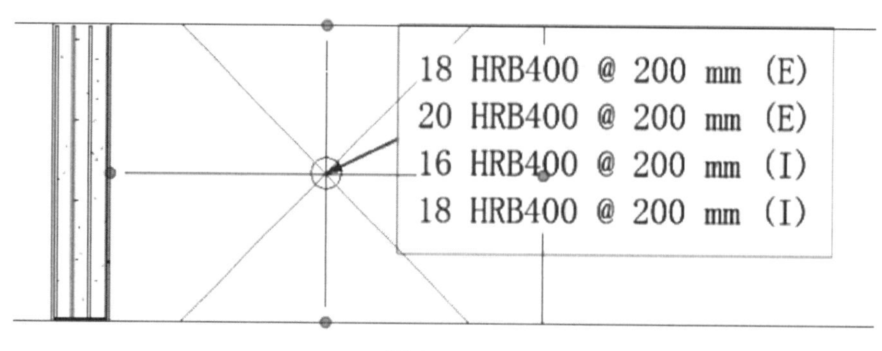

图 2.2.2-2

Revit 将区域钢筋符号和标记放置在区域钢筋中心的已完成草图上。

【注意】放置区域钢筋时，钢筋图元不可见。如果要显示这些图元，可以在“区域钢筋”的“属性”选项板上的“图形”部分中指定钢筋图元的可见性。仅当区域钢筋中存在钢筋主体时，可见性设置才可用。

拉结筋应注明布置方式“矩形”或“梅花”，用于剪力墙分布钢筋的拉结（图 2.2.2-3）。拉结筋一般用造型 03，放置时设置“近保护层参照”“垂直于保护层”放置。

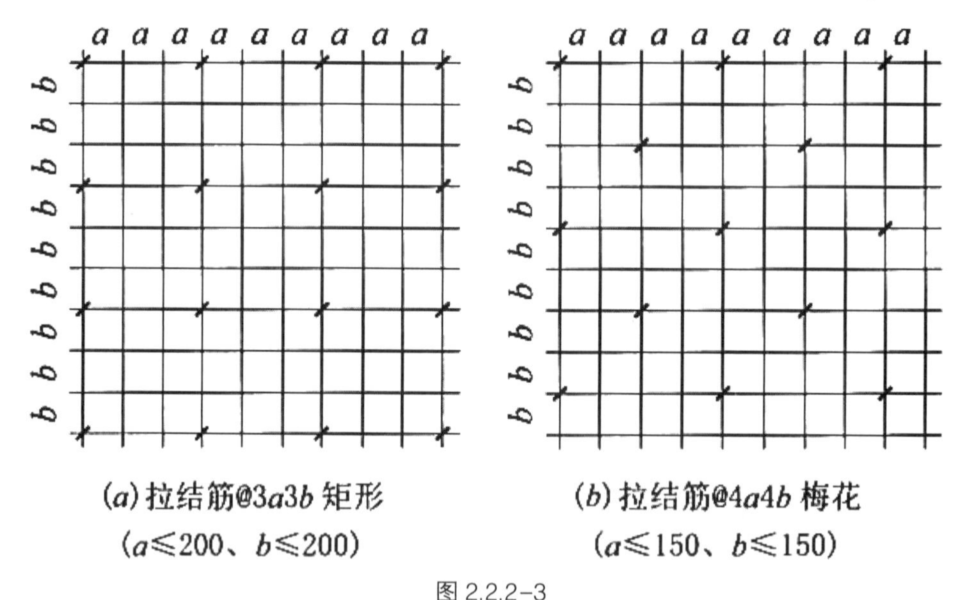

图 2.2.2-3

拉结筋设置意图，见《16G101-1》第 16 页

2.2.3 删除区域钢筋网系统

显示各个由区域钢筋网创建的基于主体的钢筋。

【注意】此工具仅在区域钢筋中设置钢筋主体时可用。

（1）选择区域钢筋系统。

（2）单击“修改 | 结构区域钢筋”选项卡➤“区域钢筋”面板➤（删除区域系统）(图 2. 2. 3)。

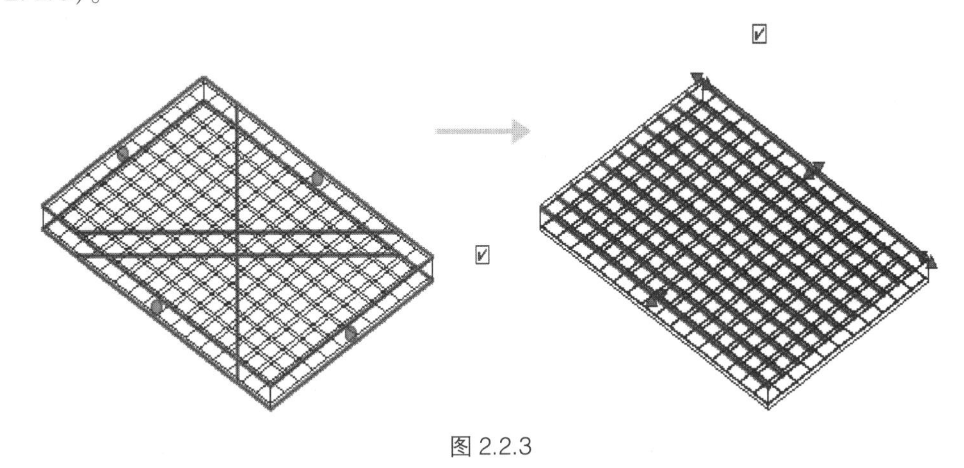

图 2.2.3

（3）带任何符号和标记的区域钢筋系统将从项目中删除，保留钢筋和钢筋集原地不动。

2. 2. 4 钢筋形状限制条件和保护层

钢筋限制条件用于设置和锁定各个钢筋实例相对于混凝土主体图元的几何图形。钢筋保护层是钢筋参数化延伸到的混凝土主体的内部偏移。

与保护层参照接触的钢筋将捕捉并附着到该保护层参照。钢筋保护层参数会影响附着的钢筋以及附着到这些钢筋的筋。如果修改主体的保护层设置，将不会偏移已放置在主体内的其他钢筋（图 2. 2. 4-1、图 2. 2. 4-2）。

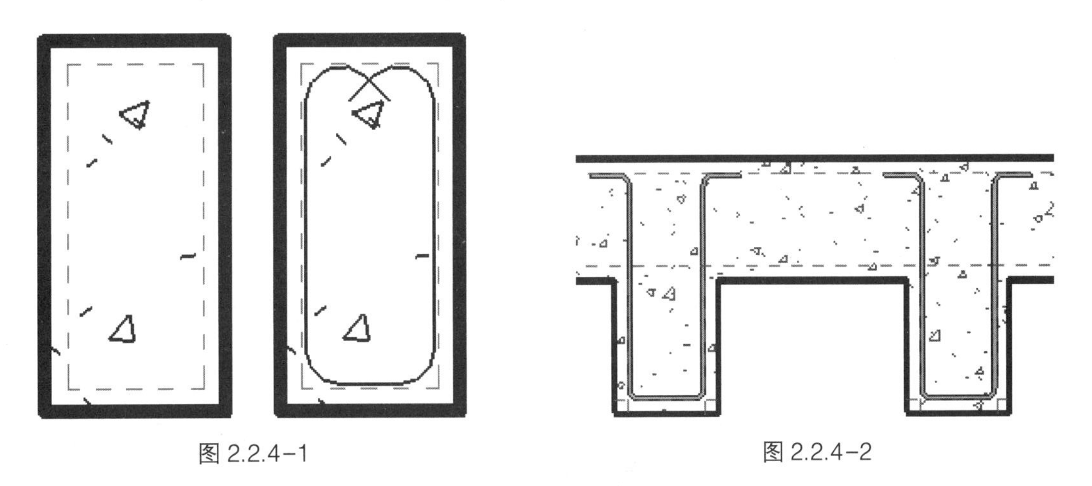

图 2.2.4-1　　图 2.2.4-2

2.3 结构梁板配筋

本节课需要专业识图，详见《16G101-1》第四章“梁平法施工图制图规则”第 26~29 页（图 2. 3）。

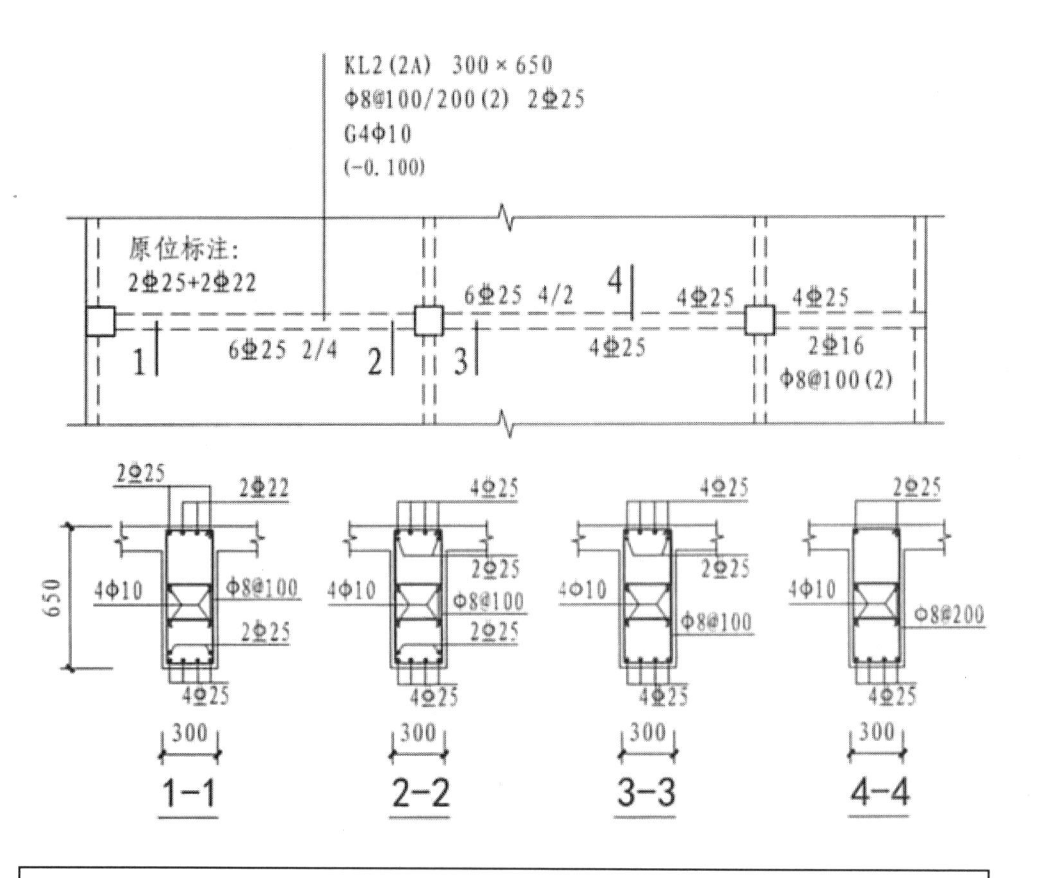

第 2 号框梁，有两跨，一端有悬挑，梁截面尺寸宽为 300，高为 650；
Φ8@100/200(2) 2Φ25：箍筋为直径为 8 的一级钢，加密区间距为 100，非加密区间距为 200，均为二支箍；
2Φ25：梁的上部通长筋为 2 支直径为 25 的三级钢；
G4Φ10：梁的两个侧面纵向构造筋为 4 根直径为 10 的一级钢，每侧各配 2 根。

图 2.3

具体操作参见课程视频。

2.4 结构特殊钢筋

创建内建族的时候要选择“结构”相关的族类别，如果用公制常规模型需要属性栏勾选“可将钢筋附着到主体”或是打开族类别候选下列族参数（图 2.4）。

2.4.1 路径钢筋

使用路径钢筋工具沿着路径为大量钢筋进行布局，使用常用的绘制工具来绘制由钢筋系统填充的路径。

（1）单击“结构”选项卡“钢筋”面板（路径）。

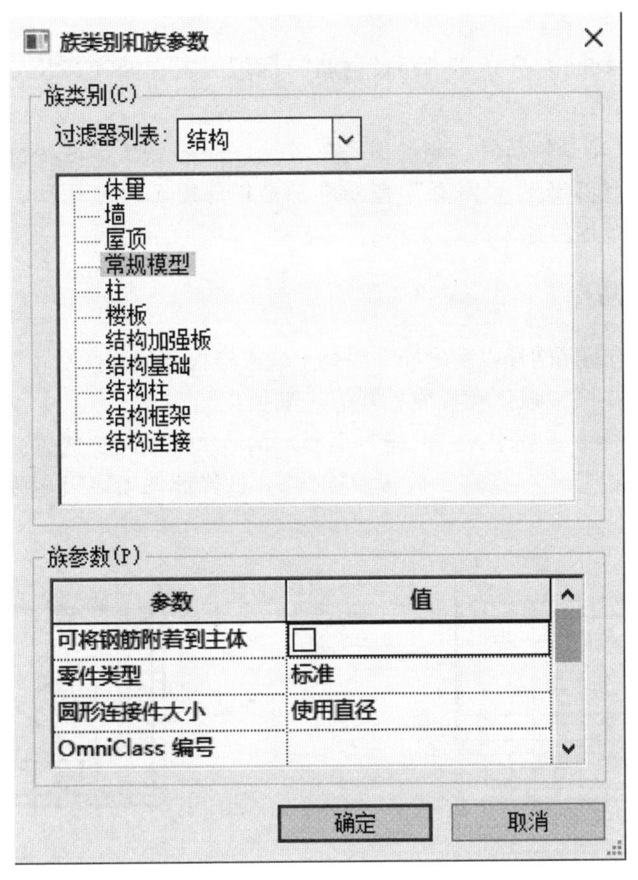

图 2.4

【注意】选中有效钢筋主体图元时，在其“上下文选项卡”中也可以找到该工具。

（2）绘制混凝土主体上的钢筋路径，以确保不会形成闭合环，按 Esc 键。

（3）如有必要，请单击选项栏上的，然后单击翻转控制↑↓，以使钢筋延伸到路径的对侧。

（4）单击“修改 | 创建钢筋路径”选项卡“模式”面板（完成编辑模式）（图 2.4.1-1）。

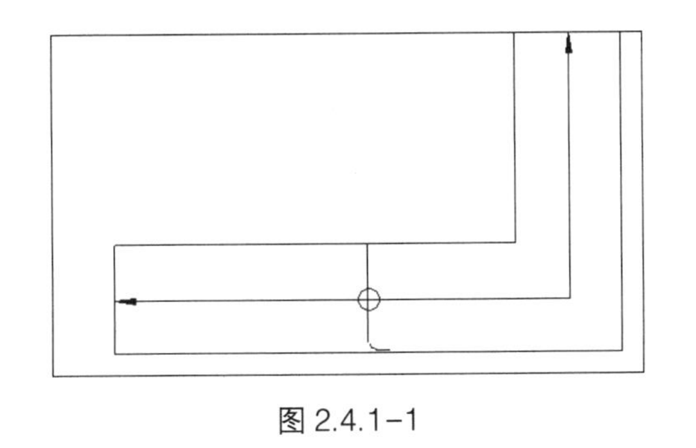

图 2.4.1–1

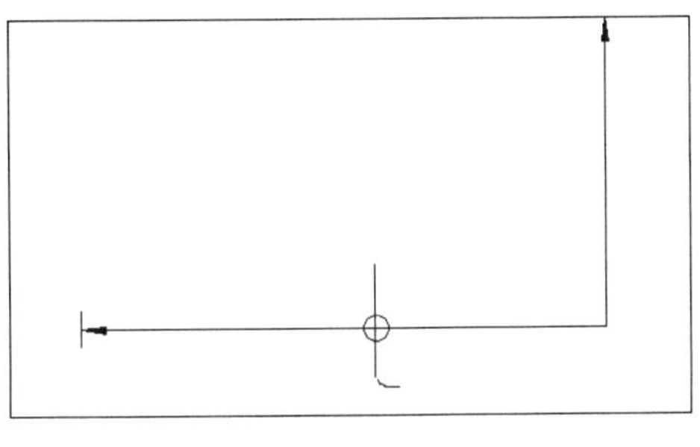

图 2.4.1–2

【注意】默认情况下，路径钢筋的边界处于打开状态。若要将其关闭，请单击“视图”选项卡“图形”面板（可见性图形），然后清除“结构路径钢筋”下的“边界可见性”参数。

Revit 将“路径钢筋”符号和“路径钢筋”标记放置在路径最长分段中心处的已完成草图上（图 2.4.1-2）。

【注意】当放置路径钢筋时，钢筋图元不可见。如果要显示这些图元，可以在“路径钢筋”的“属性”选项板的“图形”部分中指定钢筋图元的可见性。仅当在路径钢筋中设置钢筋主体时能够访问可见性设置。

2.4.2 放置钢筋网片

放置单个实例的钢筋网片以精确加固混凝土墙或楼板部分（图 2.4.2-1、图 2.4.2-2）。

（1）打开平面视图来强化楼板或打开标高来强化墙。

（2）单击“结构”选项卡➤“钢筋”面板➤（单钢筋网片放置）。

（3）在“选项栏”上，指定“放置后旋转”。选择此选项可以在放置柱图纸后立即将其旋转。

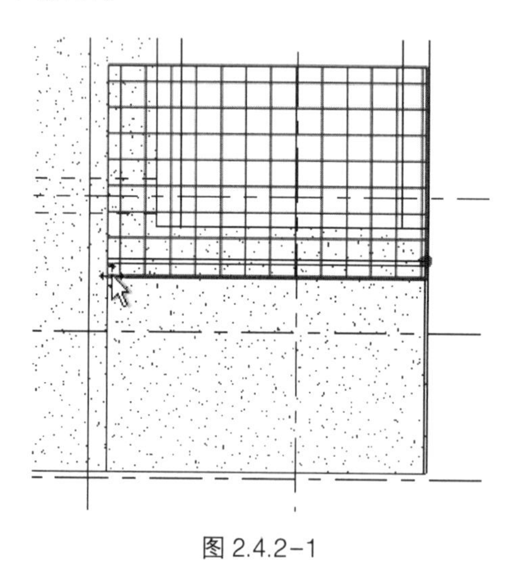

图 2.4.2-1

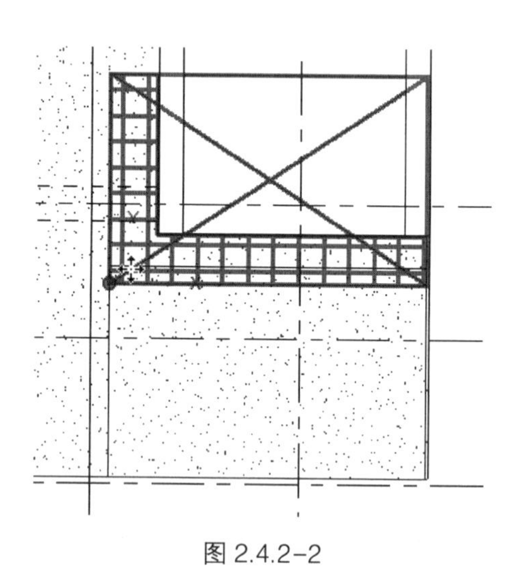

图 2.4.2-2

（4）在绘图区域中，将光标放置在要加固的表面上。图纸的轮廓会帮助指导放置。在放置图纸时，它将捕捉到：主题的钢筋保护层、其他钢筋网片的边、其他钢筋网片的搭接接头位置、其他钢筋网片的中点。

（5）单击以放置图纸。

【注意】如果在“属性”选项板上选择了“按主体保护层剪切”属性，将在洞口或主题的边缘剪切图纸。

2.4.3 钢筋网

将搭接的钢筋网片放置在楼板、墙和基础底板上。钢筋网图元由 2 个图元类型组成：钢筋网线和钢筋网片（图 2.4.3）。

2.4.4 放置钢筋网

使用常用的绘制工具来定义钢筋网片覆盖区域系统的边界（图 2.4.4-1）。

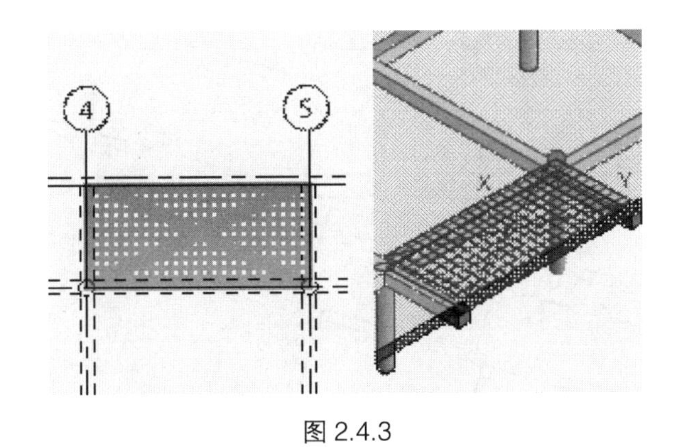

图 2.4.3

(1) 单击“结构”选项卡➤“钢筋”面板➤（结构钢筋网区域）。

(2) 选择楼板、墙或基础底板以接收钢筋网区域。

(3) 单击“修改 | 创建钢筋网边界”选项卡➤“绘制”面板➤（边界线）。

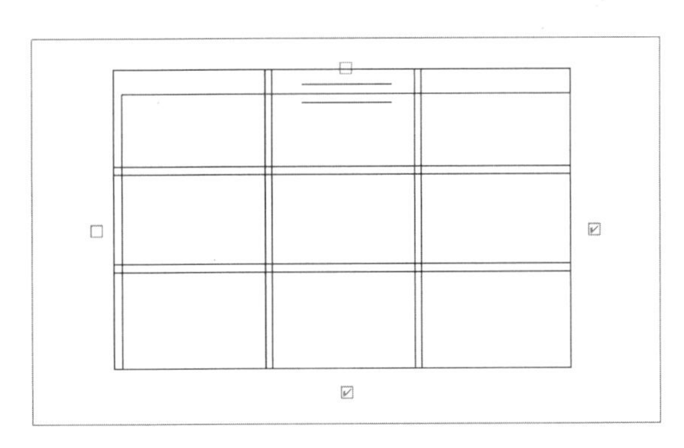

图 2.4.4-1

(4) 绘制一条闭合的回路，选择控件以确定钢筋网片布局的开始/结束边缘。

【注意】平行线符号表示钢筋网区域的主筋方向边缘。在草图模式中，可以更改此区域的主筋方向。钢筋网区域的主筋方向非常重要，因为它确定钢筋网片的旋转。钢筋网片中的主要钢筋平行于主筋方向。每个钢筋网区域都有一个具有边缘控件的矩形包络（虚线）（图 2.4.4-2）。

【注意】若要更改钢筋网的图形参数，请单击“视图”选项卡➤“图形”面板➤（可见性图形），然后修改“结构钢筋网区域”或“结构钢筋网”下的参数。

(5) 在“钢筋网区域”的“属性”选项板的“构造”部分中选择搭接位置。

(6) 单击“修改 | 创建钢筋网边界”选项卡➤“模式”面板➤（完成编辑模式）。

2.4.5 绘制平面钢筋

使用常用的绘制工具在有效主体中手动放置钢筋形状。

如果钢筋草图共享以下属性，则这些钢筋草图将映射到现有形状：线段数、连接线段的形状、弯钩数、弯钩的方向、弯钩的弯曲尺寸标注、形状类型（标准或镫筋）。

如果草图与现有形状不匹配，则会在“钢筋形状”浏览器和选项栏的“钢筋形状类

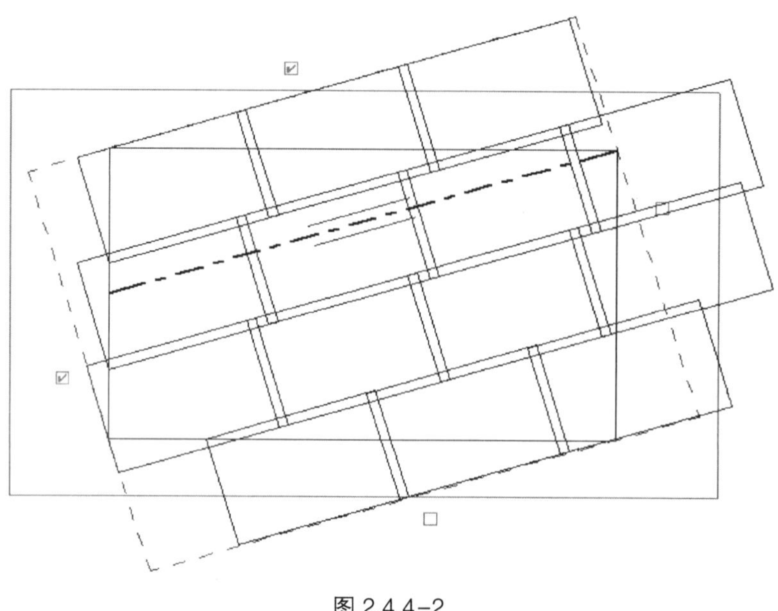

图 2.4.4-2

型”下拉列表中创建一个新的形状（图 2. 4. 5-1~图 2. 4. 5-3）。

（1）单击“结构”选项卡➤“钢筋”面板➤（钢筋）。

（2）单击“修改 | 放置钢筋”选项卡➤“放置方向”（或“放置透视”）面板➤（绘制钢筋）。

（3）在提示下，选择将其设置为钢筋主体的图元。

（4）使用绘制工具绘制钢筋形状。

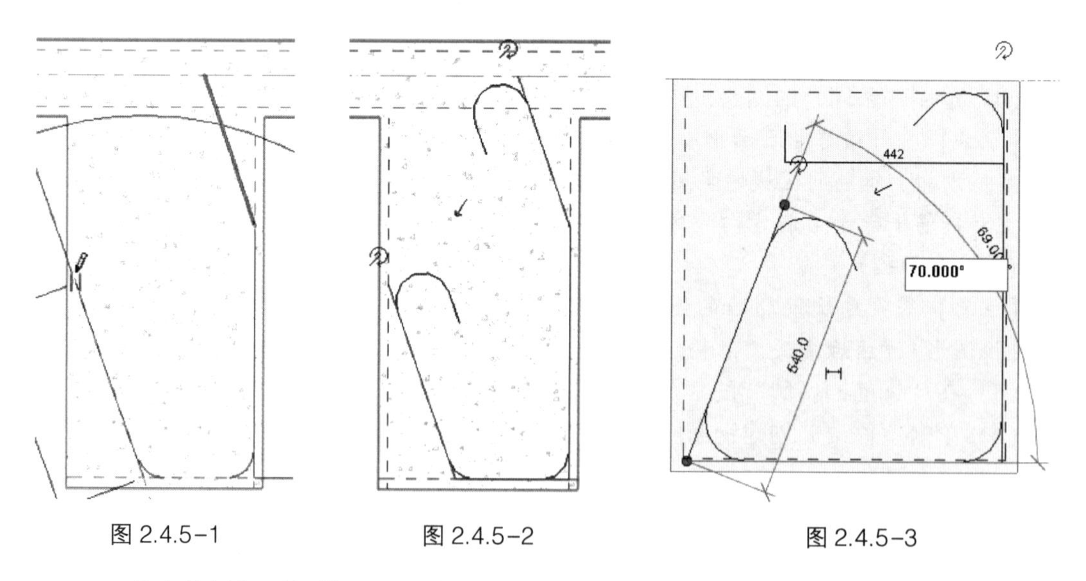

图 2.4.5-1　　图 2.4.5-2　　图 2.4.5-3

（5）将弯钩添加到钢筋形状的端点，确定钢筋弯钩的位置和方向。

【提示】当在草图模式中操纵线段时，可以单击临时尺寸标注并输入新值，以便手动定义长度和角度尺寸。可以将这些临时值设为永久值。

(6) 单击“修改丨创建钢筋草图”选项卡➤“模式”面板➤✔（完成编辑模式），以接受草图并放置新形状。新钢筋形状将捕捉到保护层参照，从而调整其形状。

【注意】在钢筋转换为形状时，将放弃尺寸标注。

2.4.6　绘制多平面钢筋

使用常用的绘制工具来定义弯曲成两个平面的钢筋形状（图2.4.6-1）。

绘制多平面钢筋的方式与绘制单平面钢筋一样。

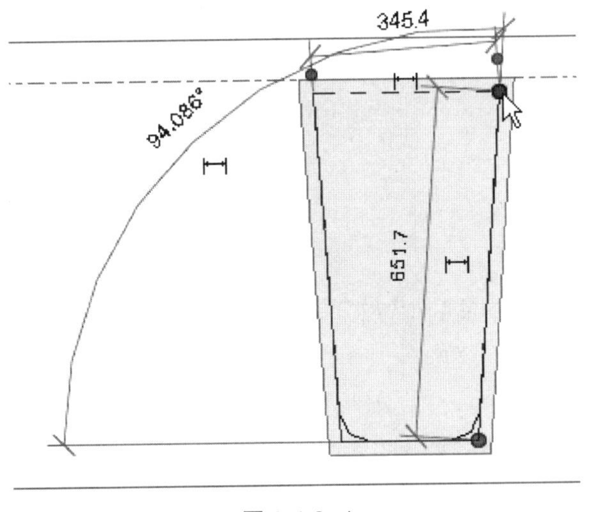

图2.4.6-1

单击“修改丨创建钢筋草图”选项卡➤“钢筋”面板➤（多平面）。复制形状，然后通过钢筋上的一个连接件线段附着到原始的形状。有三个复选框可供进一步编辑多平面钢筋形状线段。将光标悬停在每个复选框可查看它所表示的是哪个线段工具。如下所述选择它们以激活。

禁用/启用第一个连接件线段。切换连接件线段的位置，启用时，将使用第一个线段；禁用时，则使用第二个线段（图2.4.6-2）。

禁用/启用第二个连接件线段。切换连接件线段的位置，启用时，将使用第二个线段；禁用时，则使用第一个线段（图2.4.6-3、图2.4.6-4）。

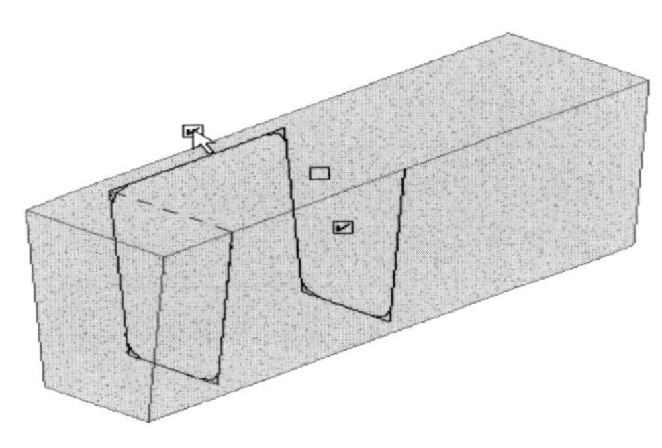

图2.4.6-2

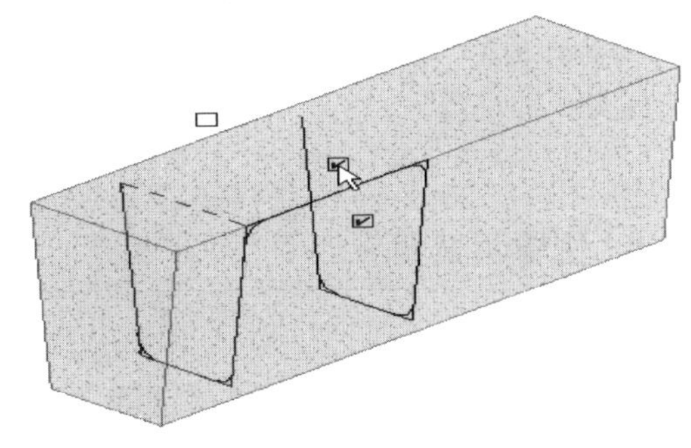

图2.4.6-3

禁用形状线段的副本。删除复制的形状，但在该位置留下连接件线段（图 2.4.6-5）。

对源形状草图所做的更改将被镜像至复制的形状，并且可以添加弯钩。完成绘制后，单击“修改 | 创建钢筋草图”选项卡➤“模式”面板➤✔（完成编辑模式），以接受草图并放置新形状（图 2.4.6-6）。

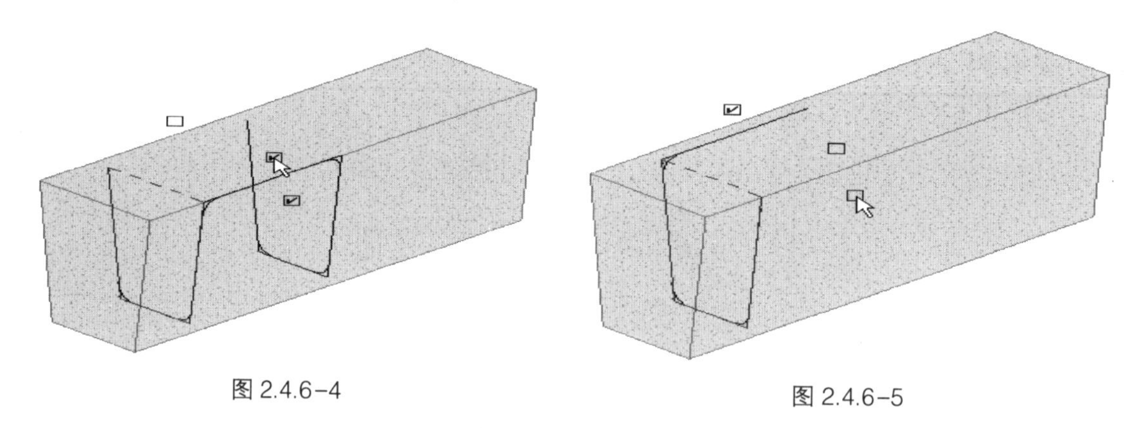

图 2.4.6-4　　图 2.4.6-5

使用钢筋造型操纵柄对钢筋的位置和形状进行精细调整。可能需要调整钢筋可见性设置才能正确看到它（图 2.4.6-7）。

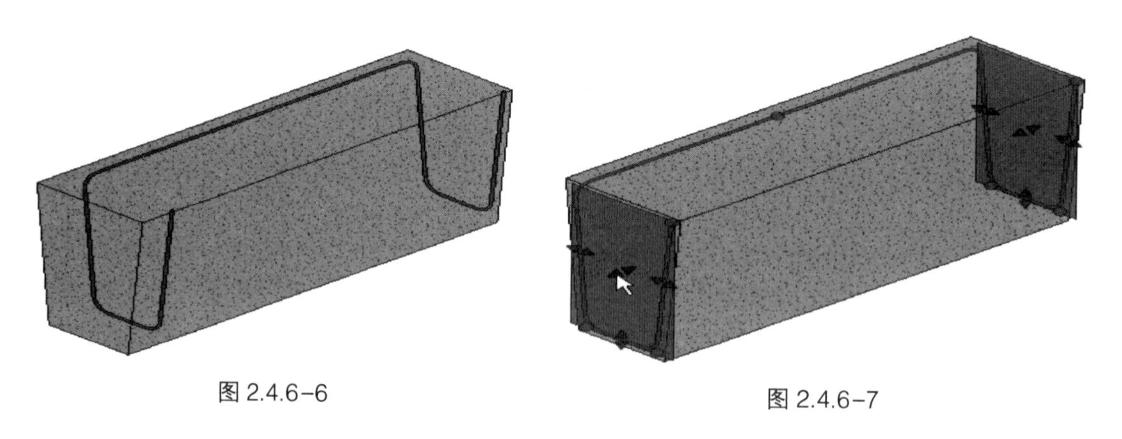

图 2.4.6-6　　图 2.4.6-7

2.5 结构明细

创建明细表、数量和材质提取，以确定并分析在项目中使用的构件和材质。明细表是模型的另一种视图。

“视图”选项卡➤“创建”面板➤“明细表”下拉列表➤（明细表/数量）。

2.5.1 创建明细表

可以在“明细表属性”对话框（或“材质提取属性”对话框）的“字段”选项卡上，选择要在明细表中显示的字段（图 2.5.1-1，表 2.5.1）。

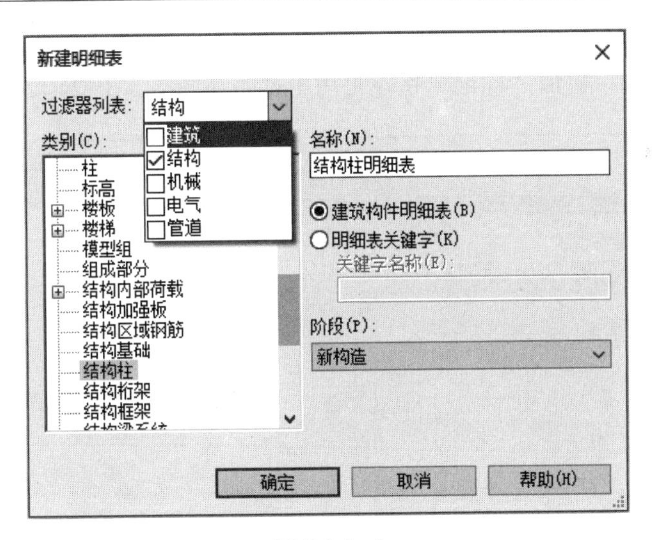

图 2.5.1-1

表 2.5.1

目标	操作
将字段添加到明细表字段列表中	单击“可用字段”框中的字段名称，然后单击（添加参数）。字段在“明细表字段”框中的顺序，就是它们在明细表中的显示顺序
从“明细表字段”列表中移除名称	从“明细表字段”列表中选择该名称并单击（移除参数）。 注：移除合并参数时，合并参数会被删除。必须重新定义以便再次使用
删除合并参数	从“明细表字段”列表中选择此合并参数，然后单击（删除参数）
将列表中的字段上移或下移	选择字段，然后单击（上移）或（下移）
合并单个字段中的参数	单击（合并参数）。在“合并参数”对话框中，选择要合并的参数以及可选的前缀、后缀和分隔符
修改合并参数	选择字段，然后单击（编辑参数）。在“合并参数”对话框中进行更改，然后单击“确定”
添加自定义字段	单击（新建参数），然后选择是添加项目参数还是共享参数
修改自定义的字段	选择字段，然后单击（编辑参数）。在“参数属性”对话框中，输入该字段的新名称。单击（删除参数）以删除自定义字段
创建一个从公式计算其值的字段	单击f_x（计算参数）。输入该字段的名称，设置其类型，然后对其输入使用明细表中现有字段的公式
创建一个字段并使其为另一字段的百分比	单击f_x（计算参数）。输入该字段的名称，将其类型设置为百分比，然后输入要取其百分比的字段的名称。 默认情况下，百分比是根据整个明细表的总数计算出来的。如果在“排序/成组”选项卡中设置成组字段，则可以选择此处的一个字段
将房间参数添加到原房间明细表中	单击“房间”作为“从下面选择可用字段”。该操作会将“可用字段”框中的字段列表修改为房间参数列表。然后，即可将这些房间参数添加到明细表字段列表中
包含链接模型中的图元	选择包含链接中的图元

“多类别明细表”会对整个项目的所有类别进行统计，只有共有的属性会显示在字段中，显示的才可添加。添加“标记”字段可用于过滤（图 2.5.1-2）。

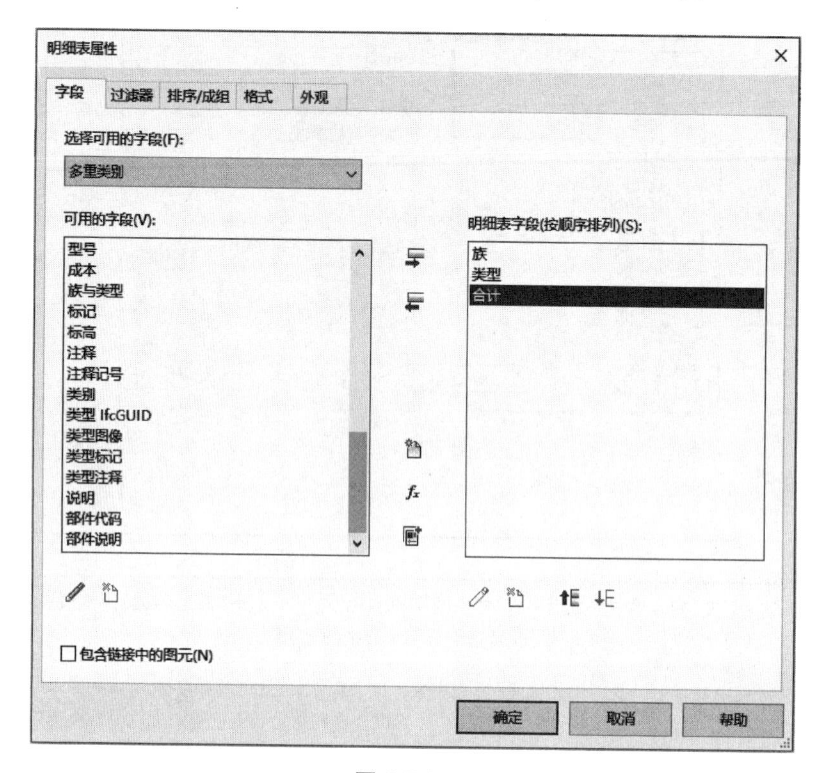

图 2.5.1-2

2.5.2 明细表中的排序和成组示例

请参见明细表排序和成组的示例，包括逐项列举实例、排序和总计。

以下示例显示了在“明细表属性”对话框的“排序/成组”选项卡上应用了不同设置的同一明细表（图 2.5.2）。

2.5.3 逐项列举每个实例

若要列出明细表中族和类别的每个实例，请在“明细表属性”对话框上的“排序/成组”选项卡上，使用以下设置：

（1）排序方式=族和类型（升序、空行）

（2）逐项列举每个实例=启用

2.5.4 汇总明细表

若要提供明细表中族和类型的概要（避免每个项目各自成行），请在“明细表属性”对话框的“排序/成组”选项卡上，使用以下设置（图 2.5.4）：

（1）排序方式=族和类型

（2）逐项列举每个实例=禁用

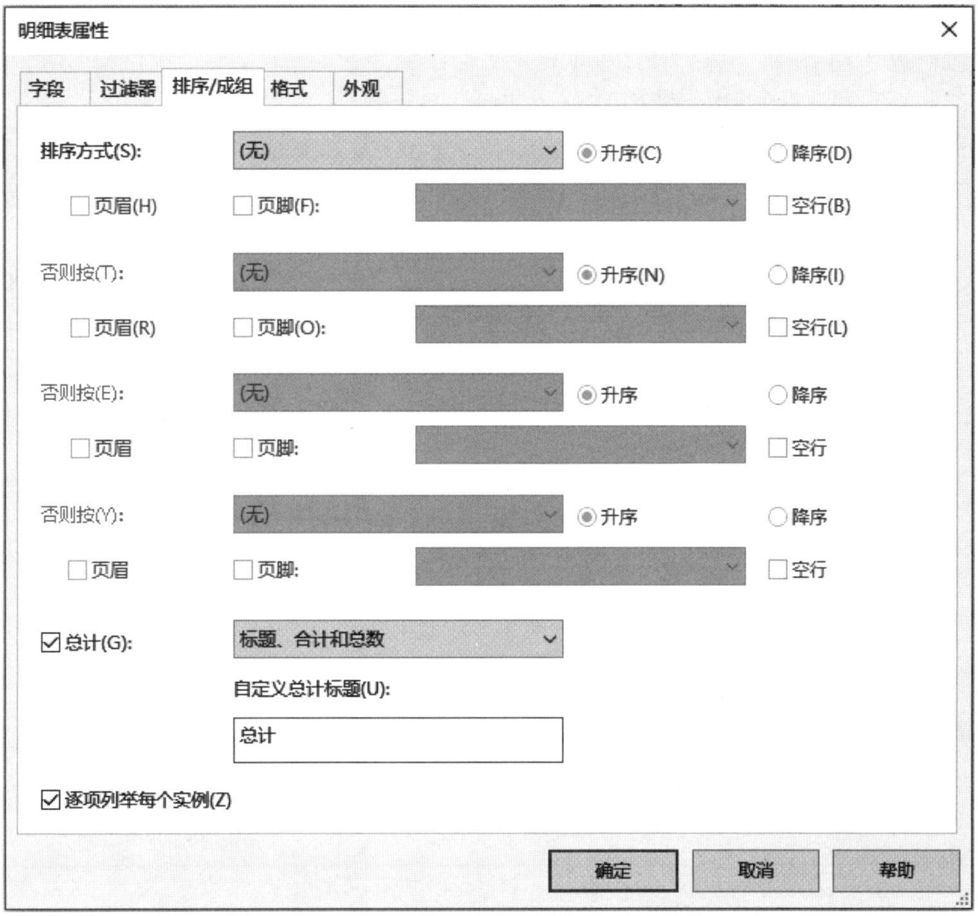

明细表属性

字段 过滤器 排序/成组 格式 外观

排序方式(S): (无) 升序(C) 降序(D)

页眉(H) 页脚(F): 空行(B)

否则按(T): (无) 升序(N) 降序(I)

页眉(R) 页脚(O): 空行(L)

否则按(E): (无) 升序 降序

页眉 页脚: 空行

否则按(Y): (无) 升序 降序

页眉 页脚: 空行

总计(G): 标题、合计和总数

自定义总计标题(U):

总计

逐项列举每个实例(Z)

确定 取消 帮助

图 2.5.2

<Furniture Schedule - Summary>

A	B	C
Family and Type	Count	Cost
Chair-Viper: Chair	7	1750.00
Couch-Viper: Couch	3	1500.00
M_Chair-Breuer: M_Chair-Breuer	60	2700.00
M_Table-Dining Round w Chairs: 0915mm Diame	15	4500.00
Table-Night Stand: 24" x 24" x 30"	9	1350.00
Wastebasket2: Wastebasket2	4	60.00
Window Shade: Window Shade	6	1950.00

图 2.5.4

2.5.5　总计

若要在明细表底部提供总计的概要，请在“明细表属性”对话框的“排序/成组”选项卡上，使用以下设置（图 2.5.5）：

（1）排序方式=族和类型

（2）总计=启用（标题、合计和总数）

（3）逐项列举每个实例=禁用

<Furniture Schedule - Totals>

A	B	C
Family and Type	Count	Cost
Chair-Viper: Chair	7	1750.00
Couch-Viper: Couch	3	1500.00
M_Chair-Breuer: M_Chair-Breuer	60	2700.00
M_Table-Dining Round w Chairs: 0915mm Diame	15	4500.00
Table-Night Stand: 24" x 24" x 30"	9	1350.00
Wastebasket2: Wastebasket2	4	60.00
Window Shade: Window Shade	6	1950.00
Grand total: 104		13810.00

图 2.5.5

2.5.6 关于明细表格式

在“明细表属性”对话框（或者“材质提取属性”对话框）的“格式”和“外观”选项卡上，可以指定各种格式选项，如列方向、对齐、网格线、边界和字体样式（表 2.5.6）。

表 2.5.6

目标	操作
编辑明细表列上方显示的标题	选项要在“标题”文本框中显示的字段。可以编辑每个列名
只指定列标题在图纸上的方向	选择一个字段。然后选择一个方向选项作为“标题方向”
对齐列标题下的行中的文字	选择一个字段，然后从“对齐”下拉菜单中选择对齐选项
设置数值字段的单位和外观格式	选择一个字段，然后单击“字段格式”。将打开“格式”对话框。清除“使用项目设置”并调整数值格式
显示汇总明细表中数值列的小计	选择该字段，然后选择“计算总数”。此设置只能用于可计算总数的字段，如房间面积、成本、合计或房间周长。如果在“排序/成组”选项卡中清除了“总计”选项，则不会显示总数。 注：小计计算结果仅显示在汇总明细表中。在“排序/成组”选项卡上，取消选中“逐项列举每个实例”，以查看计算结果
显示汇总明细表中数值列的最小或最大结果，或同时显示这两个结果	选择字段，然后选择“计算最小值”、“计算最大值”或“计算最小值和最大值”。这些设置只能用于可计算总数的字段，如房间面积、成本、合计或房间周长。如果在“排序/成组”选项卡中清除了“总计”选项，则不会显示总数。 注：最小和最大计算结果仅显示在汇总明细表中。在“排序/成组”选项卡上，取消选中“逐项列举每个实例”，以查看计算结果
隐藏明细表中的某个字段	选择该字段，再选择“隐藏字段”。如果要按照某个字段对明细表进行排序，但又不希望在明细表中显示该字段时，该选项很有用

续表

目标	操作
将字段的条件格式包含在图纸上	选择该字段,然后选择“在图纸上显示条件格式”。格式将显示在图纸中,也可以打印出来
基于一组条件高亮显示明细表中的单元格	选择一个字段,然后单击“条件格式”。在“条件格式”对话框中调整格式参数

【提示】在明细表视图中，可隐藏或显示任意项。要隐藏一列，应选择该列中的一个单元格，然后单击鼠标右键。从关联菜单中选择“隐藏列”。要显示所有隐藏的列，请在明细表视图中单击鼠标右键，然后选择“取消隐藏全部列”。

2.5.7　创建材质提取明细表

（1）单击“视图”选项卡>“创建”面板>“明细表”下拉列表>“材质提取”。

（2）在“新建材质提取”对话框中，单击材质提取明细表的类别，然后单击“确定”（图2.5.7）。

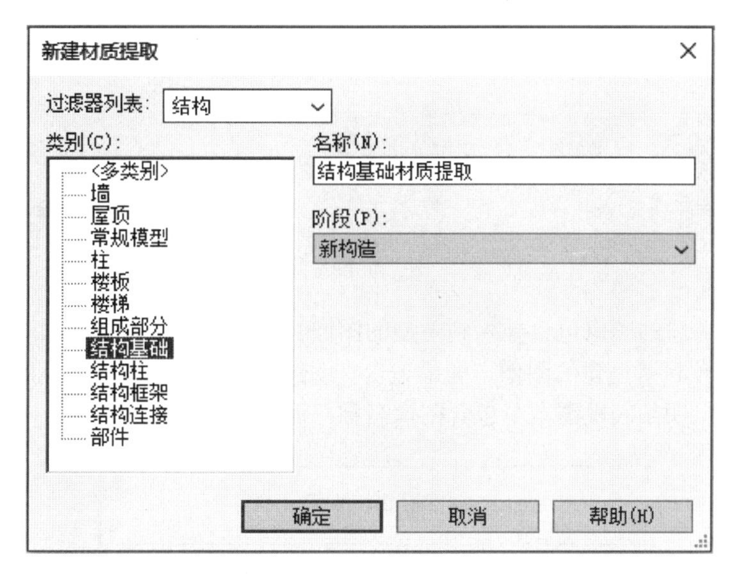

图2.5.7

（3）在“材质提取属性”对话框中，为“可用字段”选择材质特性。

（4）可以选择对明细表进行排序、成组或格式操作。

（5）单击“确定”以创建“材质提取明细表”。

（6）此时显示“材质提取明细表”，并且该视图将在项目浏览器的“明细表/数量”类别下列出。

2.5.8　关于创建带图像的明细表

若要生成包含图形信息的明细表，可以在模型中将图像与图元关联。通过属性栏，点击“图像”进行添加图像（图2.5.8-1）。

图 2.5.8-1

可与图元相关联的图像包含导入到模型的图像，以及通过将模型视图（例如三维或渲染视图）保存到项目所创建的图像。如果包含在明细表定义中，图像会显示在图纸上放置的明细表视图中。明细表视图本身包含图像名称，而不是图像（图 2.5.8-2）。

<钢筋明细表>		
A	B	C
族与类型	主体类别	图像
钢筋: 8 HPB300	墙	texture_diamond
钢筋: 8 HPB300	墙	
钢筋: 8 HPB300	墙	
钢筋: 8 HPB300	墙	

图 2.5.8-2

对于钢筋形状族，可在“族编辑器”中打开该族，修改“钢筋形状参数”对话框（族类型）中的“形状图像”类型属性并重新加载族来管理与族关联的图像。“形状图像”属性与钢筋形状组关联。更改模型中钢筋图元的指定形状，也会更改“形状图像”。

“图像”和“类型图像”属性归类在“属性”选项板和“类型属性”对话框的“标

识数据”下。“形状图像”归类在“构造”下。

2.5.9　关于限制明细表中的数据显示

使用过滤器以仅查看明细表中的特定类型信息。

在“明细表属性”对话框（或“材质提取属性”对话框）的“过滤器”选项卡上，创建限制明细表中数据显示的过滤器（图2.5.9）。最多可以创建四个过滤器，且所有过滤器都必须满足数据显示的条件。

图2.5.9

可以使用明细表字段的许多类型来创建过滤器。这些类型包括文字、编号、整数、长度、面积、体积、是/否、楼层和关键字明细表参数。

以下明细表字段不支持过滤：族、类型、族和类型、面积类型（在面积明细表中）从房间、到房间（在门明细表中）、材质参数。

【注意】过滤器区分大小写。

可基于项目中的字段创建过滤器。要基于不在明细表中显示的字段创建过滤器，则需要将该字段添加到“明细表字段”列表中，然后在“格式”选项卡上将其隐藏。

2.5.10　导出明细表

将明细表数据发送到电子表格制成可以打开和操作的文件。

可将明细表导出为一个分隔符文本文件，该文件可在许多电子表格程序中打开。如果将明细表添加到图纸中，可以将其导出为 CAD 格式。

2.5.11　导出明细表的步骤

（1）打开明细表视图。

（2）单击“文件”选项卡➤导出➤报告➤明细表。

（3）在“导出明细表”对话框中，指定明细表的名称和目录，并单击“保存”。将出现“导出明细表”对话框（图 2.5.11）。

图 2.5.11

（4）在“明细表外观”下，选择导出选项：导出列页眉：

指定是否导出 Revit 列页眉。

一行：只导出底部列页眉。

多行，按格式：导出所有列页眉，包括成组的列页眉单元。

导出组页眉、页脚和空行：指定是否导出排序成组页眉行、页脚和空行。

（5）在“输出”选项下，指定要显示输出文件中数据的方式。

字段分隔符：指定使用制表符、空格、逗号还是分号来分隔输出文件中的字段。

文字限定符：指定使用单引号还是使用双引号来括起输出文件中每个字段的文字，或者不使用任何注释符号。

（6）单击“确定”。

Revit 会将该文件保存为分隔符文本，这是一种可以在电子表格程序（如 Microsoft ® Excel 或 IBM ® Lotus ® 1-2-3 ®）中打开的格式。

2.6　结构出图设置

2.6.1　图纸

创建一个视口以在集合中收集施工图文档。

“视图”选项卡➤“图纸组合”面板➤（图纸）

施工图文档集（也称为图形集或图纸集）由几个图纸组成（图 2.6.1）。

标题栏是一个图纸样板，通常标题栏包含页面边框以及有关设计公司的信息，例如，公司名称、地址和徽标；标题栏还显示有关项目、客户和各个图纸的信息，包括发布日期和修订信息。

“文件”选项卡➤新建➤（标题栏）

【注意】结构样板默认的标题栏只有 A1 公制，可以通过载入的方式，载入标题栏族。

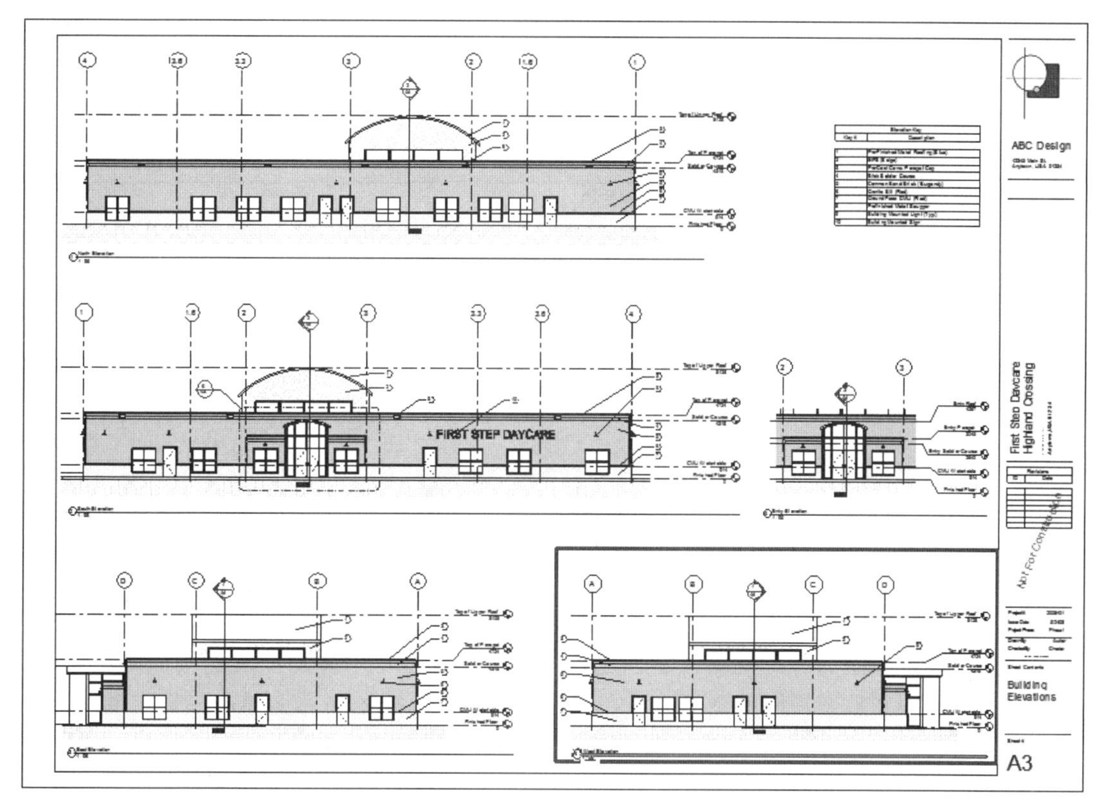

图 2.6.1

2.6.2　修改标题栏

修改显示在图纸上的边界和标准信息。

(1) 使用下列方法之一，打开标题栏以进行编辑：

① 打开包含使用标题栏的图纸的项目（或打开已将标题栏载入到其中的项目）。在项目浏览器中，展开“族”➤“注释符号”，在要修改的标题栏的名称上单击鼠标右键，然后单击“编辑”。

② 在 Revit 窗口中，单击“文件”选项卡➤“打开”➤族。定位到标题栏族（RFA）文件的位置。选择文件，然后单击“打开”。

族编辑器会打开，在绘图区域中显示标题栏。

(2) 根据需要修改标题栏。

① 要旋转标题栏中的文字或标签，请选择文字或标签，然后拖曳旋转控制柄。

② 要修改标题栏中的文字，请双击该文字，然后对其进行编辑（图 2.6.2）。

③ 要保存标题栏，请在快速访问工具栏上单击💾（保存）。

④ 将新的或修改后的标题栏载入到项目中。

2.6.3　将视图添加到图纸

创建单个视图的副本以将该视图添加到多个图纸中。

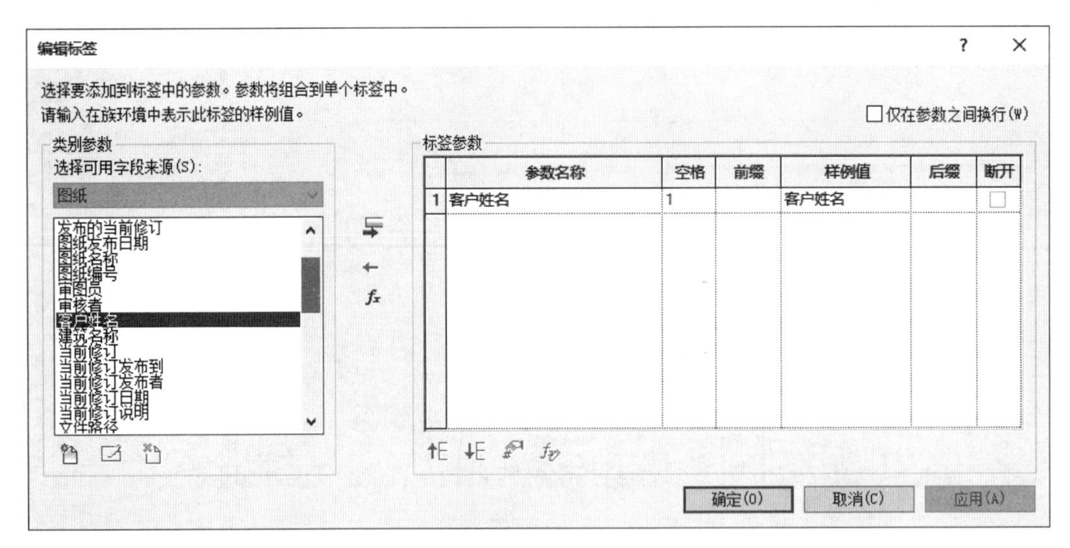

图 2.6.2

可以在图纸中添加建筑的一个或多个视图，每个视图仅可以放置到一个图纸上。要在项目的多个图纸中添加特定视图，需创建视图副本，并将每个视图放置到不同的图纸上。为快速打开并识别放置视图的图纸，可在项目浏览器中的视图名称上单击鼠标右键，然后单击“打开图纸”。

【注意】还可以将图例和明细表（包括视图列表和图纸列表）放置到图纸上。可以将图例和明细表放置到多个图纸上。

打开图纸，要将视图添加到图纸中，请使用下列方法之一：

（1）在项目浏览器中，展开视图列表，找到该视图，然后将其拖曳到图纸上。

（2）单击“视图”选项卡➤“图纸组合”面板➤（放置视图）。在“视图”对话框中选择一个视图，然后单击“在图纸中添加视图”。

（3）在项目浏览器中，选择图纸，点击右键“添加视图”。

2.6.4 调整图纸比例

在项目浏览器中，选中所有要更改的视图后（单击第一个视图，按住 shift，在点击最后一个）在属性栏中，修改视图比例（图 2.6.4）。

2.6.5 视口的调整

视口与窗口相似，可以通过该视口看到实际的视图，视口仅适用于项目图形，如楼层平面、立面、剖面和三维视图。它们不适用于明细表。

在图纸中鼠标放在视口上，双击左键或点击“上下文选项卡”中的“激活视口”可以激活临时视口，在空白处再次双击左键即可退出（图 2.6.5-1）。

点击视口下方的标题，按住鼠标左键，即可移动位置，若要修改视口下方的标题类型，点击属性栏，更换类型，类型有三种：①仅视图标题，无线条；②视图标题带线条；③无视图标题（图 2.6.5-2）。

图 2.6.4

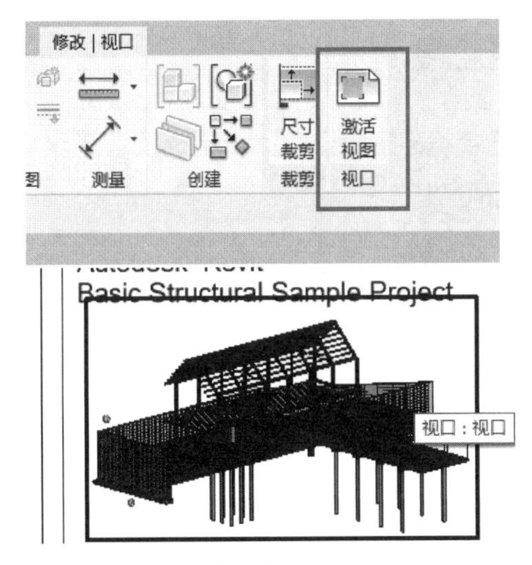

图 2.6.5-1

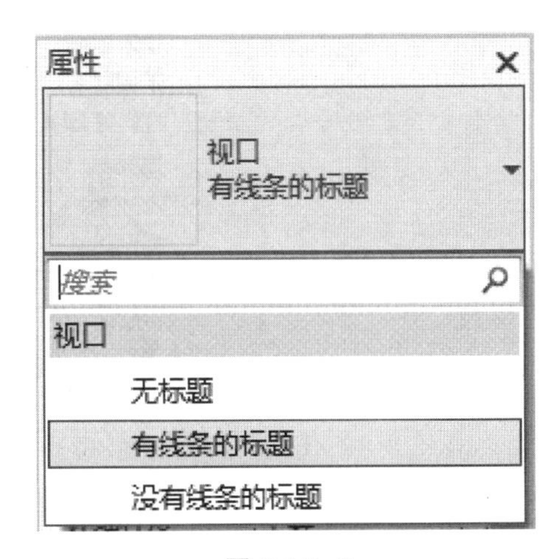

图 2.6.5-2

点击视口（不是单独点标题线），标题线两端控制点亮显，可以调整标题线条的长短（图 2.6.5-3）。

图纸名称修改，点击视口，在属性栏中“图纸上的标题”输入图纸名称，不会影响项目浏览器中的楼层平面的命名，若是修改“视图名称”，则会影响楼层平面的命名（图 2.6.5-4）。

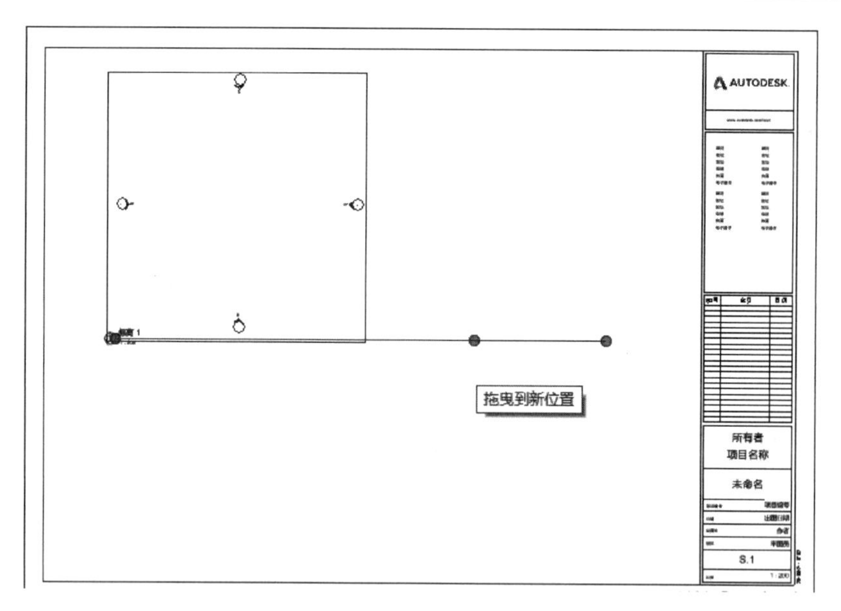
AUTODESK
拖曳到新位置
所有者
项目名称
未命名
S.1

图 2.6.5-3

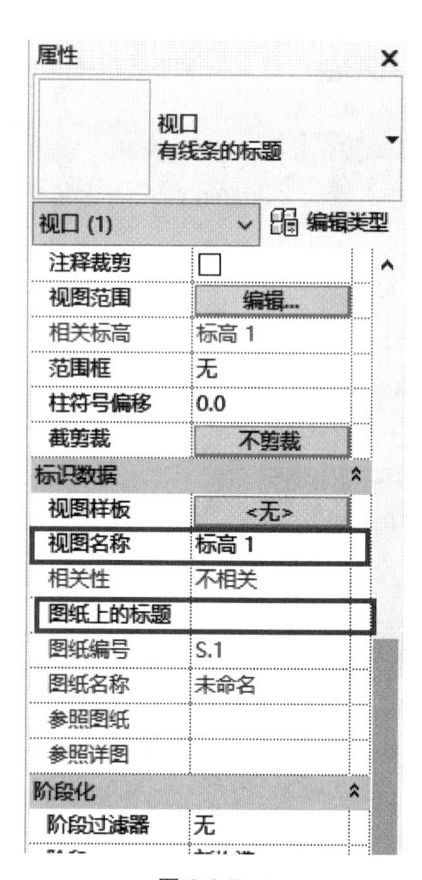
属性
视口
有线条的标题
视口 (1)
编辑类型
注释裁剪
视图范围
编辑...
相关标高
标高 1
范围框
无
柱符号偏移
0.0
裁剪裁
不剪裁
标识数据
视图样板
<无>
视图名称
标高 1
相关性
不相关
图纸上的标题
图纸编号
S.1
图纸名称
未命名
参照图纸
参照详图
阶段化
阶段过滤器
无

图 2.6.5-4

第 3 章　结构族的创建

3.1　结构族的创建

族（Family）是构成 Revit 项目的基本元素。Revit 中的族有两种形式：系统族和可载入族。系统族已在 Revit 中预定义且保存在样板和项目中，用于创建项目的基本图元，如墙、楼板、天花板、楼梯等。系统族还包含项目和系统设置，这些设置会影响项目环境，如标高、轴网、图纸和视图等。可载入族为由用户自行定义创建的独立保存为 rfa 格式的族文件。Revit 不允许自己创建、复制、修改或删除系统族，但可以复制和修改系统族中的类型，以便创建自定义系统族类型。由于可载入族的高度灵活的自定义特性，因此在使用 Revit 进行设计时最常创建和修改的族为可载入族。Revit 提供了族编辑器，允许用户自定义任何类别、任何形式的可载入族。

可载入族分为 3 种类别：体量族、模型类别族和注释类别族。模型类别族用于生成项目的模型图元、详图构件等；注释族用于提取模型图元的参数信息。在族编辑器中创建的每个族都可以保存为独立格式为“rfa”的族文件。

3.1.1　新建族

“族编辑器”与 Revit 软件中的项目环境具有相似的外观，二者区别在于选项卡的数量及所包含的工具有明显不同。同时，由于各个族样板内的设置不同，所以功能区选项卡以及选项卡内的工具都会有一些差异。打开软件，在“最近使用的文件”窗口左侧，点击“族”下面的“新建”按钮，如图 3. 1. 1-1 所示。

图 3.1.1-1

打开“新族-选择样板文件”对话框，以公制常规模型为例，我们打开“公制常规模型”样板，如图 3.1.1–2 所示。

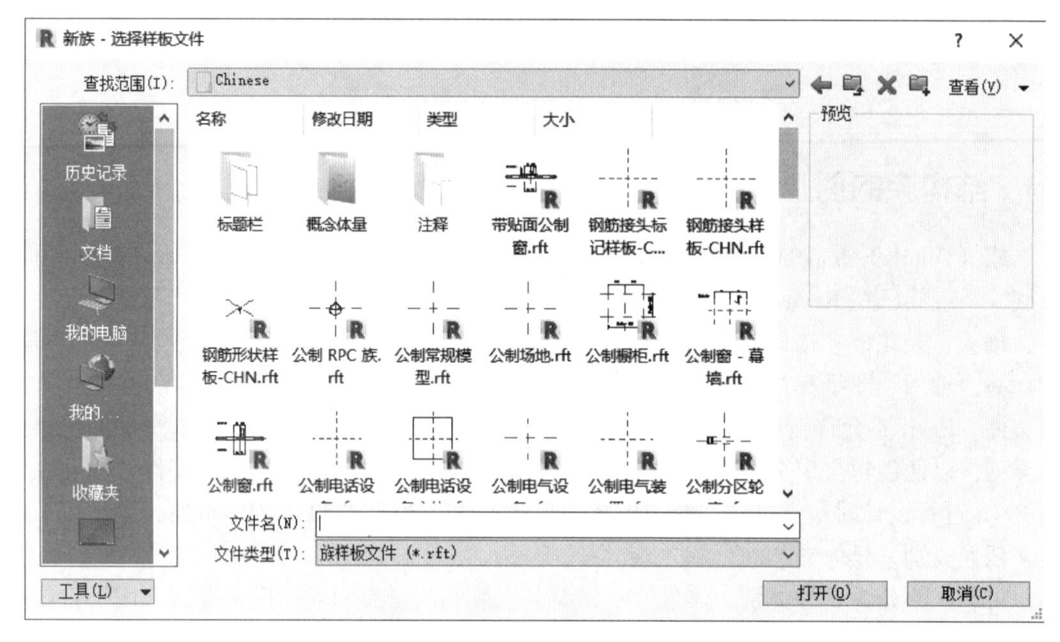

图 3.1.1–2

功能区如图 3.1.1–3 所示，其中包含的选项卡的数量比项目文件的已经少了很多，排在最前面的是“创建”选项卡，列出了五种创建实心形状的方式，右侧有“连接件”面板，用于在制作各专业配件时向形状添加连接件。

图 3.1.1–3

查看属性选项板，在没有选择任何图元、执行任何命令时，显示的是族的属性，如图 3.1.1–4 所示。

项目环境中如果是同样状态的话，显示的是当前视图的视图属性，这一点有明显不同。查看右侧的项目浏览器，可以看到当前平面视图是“参照标高”的平面视图，如图 3.1.1–5 所示。

单击选中“参照标高”，它的名称会整体蓝色高亮显示，这时转移一下注意方向，回头去看属性选项板，其中的内容已经变为关于“楼层平面”的信息了，如图 3.1.1–6 所示，这时可以在里面设置视图比例、图形替换、裁剪区域、视图范围等属性。

3.1.2　参照平面

“参照平面”在族的创建过程中最常用，是辅助绘图的重要工具。在进行参数标注时，必须将实体“对齐”。

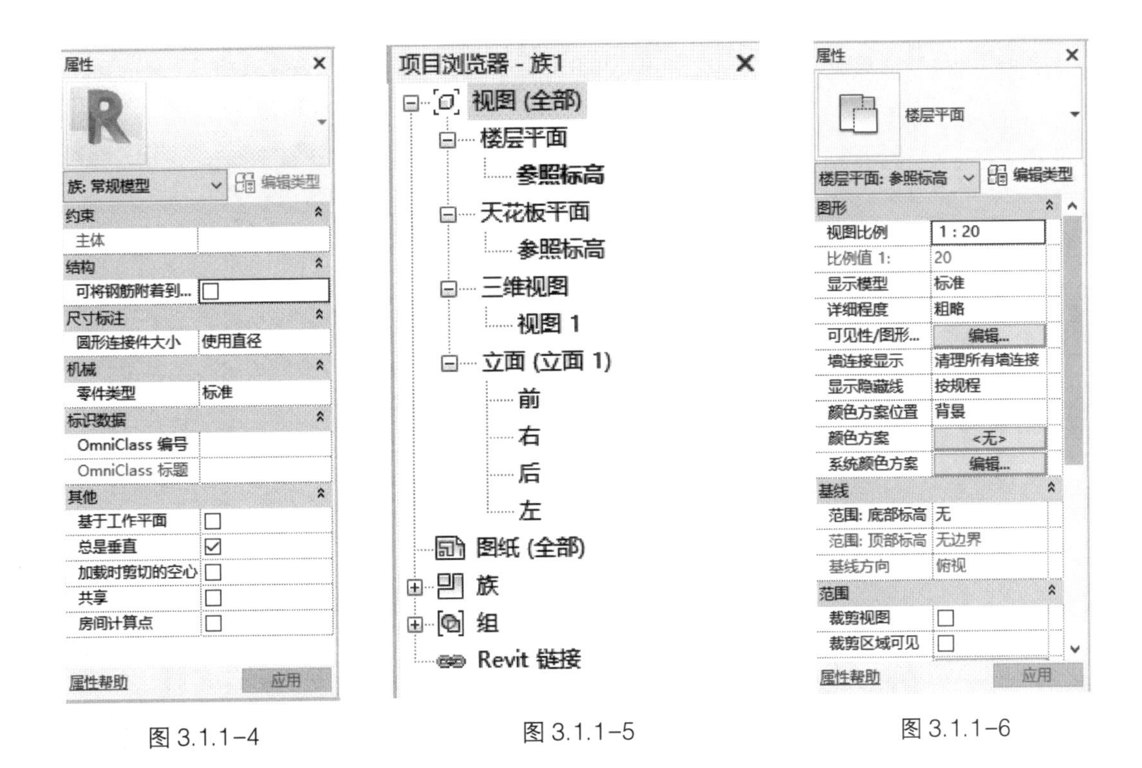

图 3.1.1-4　　图 3.1.1-5　　图 3.1.1-6

通常在大多数的族样板（RFT 文件）中已经画有三个参照平面，它们分别为 X，Y 和 Z 平面方向，其交点是（0，0，0）点。这三个参照平面被固定锁住，并且不能被删除。通常情况下不要去解锁和移动这三个参照平面，否则可能导致所创建的族原点不在（0，0，0）点，无法在项目文件中正确使用。

在绘图区域中间可以看到有两条绿色的虚线，移动光标靠近水平的那条以后，可以看到它会加粗并蓝色高亮显示，光标附近还有提示信息，如图 3. 1. 2-1 所示，所以它并不是一条线，而是一个参照平面，因为与当前视图是互相垂直的关系，所以投影后的结果看上去是一条线。点击选中它，在一端会显示这个参照平面的名称，同时有一个锁定符号，表示这个平面已经是锁定在当前位置的状态，取消锁定后就可以移动了，如图 3. 1. 2-2 所示。

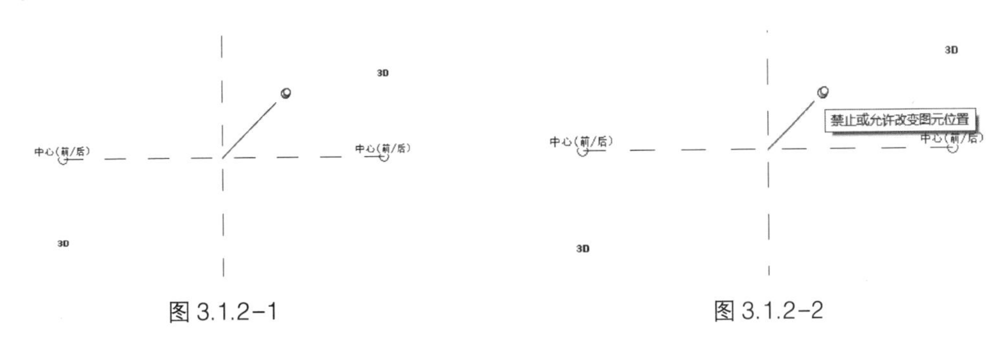

图 3.1.2-1　　图 3.1.2-2

族的定位："定义原点"用来定义族的插入点。族的插入点可以通过参照平面定义。选择"中心（前/后）"参照平面，其"属性"对话框中的"定义原点"默认已被勾选，见图 3.1.2-3 所示。

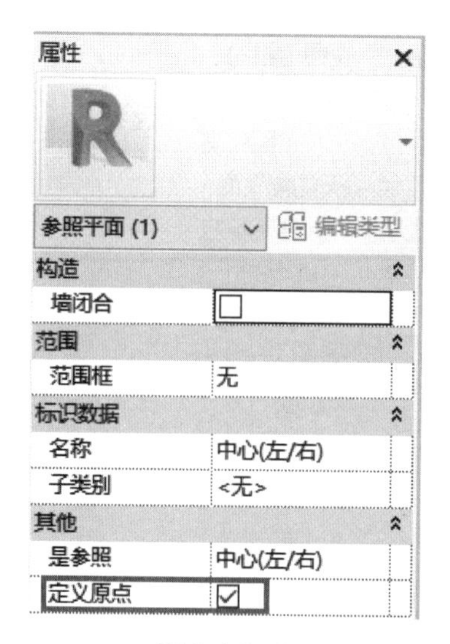

图 3.1.2-3

族样板里默认的三个参照平面都勾选了“定义原点”，一般不要去更改它们。在族的创建过程中，常利用样板自带的三个参照平面，即族默认的（0，0，0）点作为族的插入点。如果想改变族的插入点，可以先选择要设置插入点的参照平面，然后在“属性”对话框中勾选“定义原点”，这个参照平面即成为插入点。

3.1.3 参照线

“参照线”和“参照平面”相比除了多端点的属性，还多了两个工作平面如图 3.1.3 所示。切换到三维视图，将鼠标移到参照线上，可以看到水平和垂直的两个工作平面。在建模时，可以选择参照线的平面作为工作平面，这样创建的实体位置可以随参照线的位置而改变。

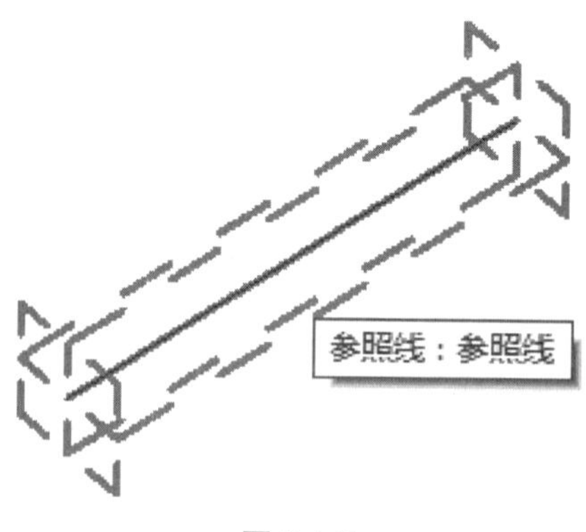

图 3.1.3

【提示】如果实体只需要进行角度参变，应先绘制参照线，把角度参数标注在参照线上，然后选择参照线的一个平面作为工作平面，再绘制所需要的实体，这样可以避免一些潜在的过约束。

3.1.4　族的五种创建方法

在族中，有5个实心形状命令，以及空心形状对应的5个形状命令，创建方法在《全国BIM技能等级考试教材（一级)》（以下简称“一级”）的教材中说明，配合视频及一级教材学习，在此不重复叙述。

3.1.5　模型线

模型线无论在哪个工作平面上绘制，在其他视图都可见。比如，在楼层平面视图上画了一条模型线，把视图切换到三维视图，模型线仍然可见。

单击功能区中“创建”—“模型”—“模型线”按钮，绘制模型线。

3.1.6　符号线

符号线能在平面和立面上绘制，但是不能在三维视图上绘制。符号线只能在其所绘制的视图上显示，其他视图都不可见。比如在楼层平面视图上画了一条符号线，将视图切换到三维视图，就看不见这条符号线了。

单击功能区中“注释”“详图”—“符号线”按钮，绘制符号线。

【注意】如果仅仅是在视图里做参照，我们最好用符号线，如果这个线想在任何视图都可以作为实体被看见，这样我们用模型线，可以根据族的显示需要，合理选择绘制模型线和符号线，使族具有多样的显示效果。

3.1.7　模型文字

单击功能区中“创建”—“模型”—“模型文字”按钮，创建三维实体文字。当族载入到项目中后，在项目中模型文字可见。

3.1.8　文字

单击功能区中“注释”—面板里的“文字”按钮，添加文字注释。这些文字注释只能在族编辑器中可见，当族载入到项目后，在项目中这些字不可见。

3.1.9　工作平面

Revit中的每个视图都与工作平面相关联，所有的实体都在某一个工作平面上。在族编辑器中的大多数视图里，工作平面是自动设置的。执行某些绘图操作以及在特殊视图中启用某些工具（如在三维视图中启用“旋转”和“镜像”）时，必须使用工作平面。绘图时，可以捕捉工作平面网格，但不能相对于工作平面网格进行对齐或尺寸标注。

（1）工作平面的设置

单击功能区中“创建”—“工作平面”—“设置”按钮，打开“工作平面”对话框，如图3.1.9-1所示。

可以通过以下方法来指定工作平面：

① 单击“名称”，在下拉列表中选择已经命名的参照平面的名字。

② 拾取一个参照平面。

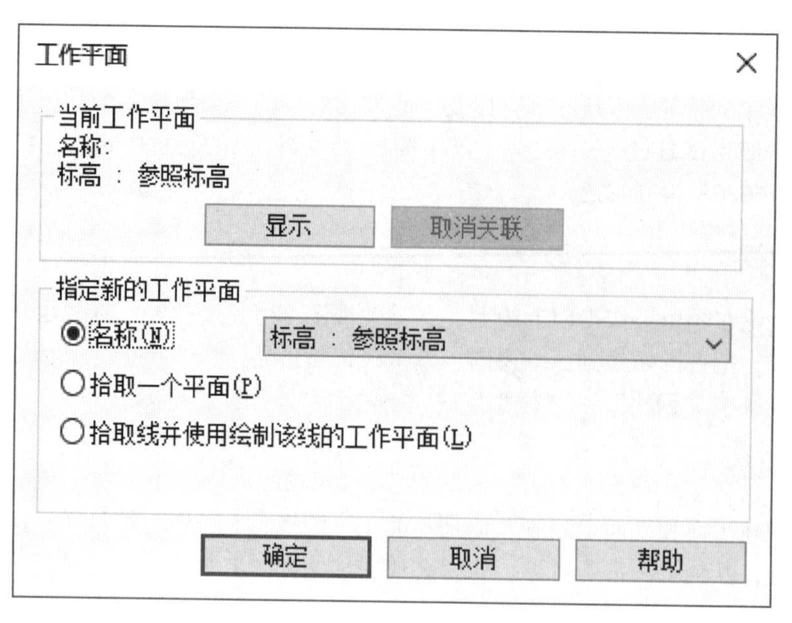

图 3.1.9-1

③ 拾取实体的表面。

④ 拾取参照线的水平和垂直的法面。

⑤ 拾取任意一条线并将这条线的所在平面设为当前工作平面。

（2）工作平面的显示

单击功能区中“创建”—“工作平面”—“显示”按钮，显示或隐藏工作平面，图 3. 1. 9-2 所示为显示的工作平面。工作平面默认是隐藏的。

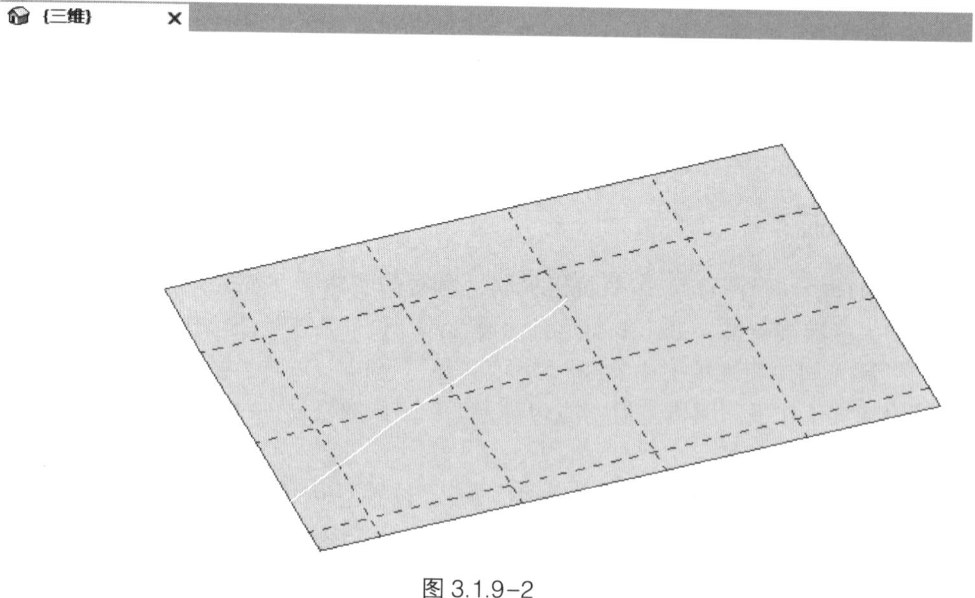

图 3.1.9-2

3.2　结构族基本参数

参数简介

Revit 平台有时也被称为参数化修改引擎。各种图元的参数中不仅仅定义了模型构件的属性，也携带了计算数据，所有这些构成了一个 Revit 项目的全部内容。这些参数决定了图元的行为、外观、表现、信息等很多内容。

3.2.1　族参数的两种添加方式

(1) 通过族类型添加参数

单击“创建”选项卡下的“拉伸”命令，创建拉伸模型，再点击“注释”选项卡下的“对齐”命令，进行长度尺寸标注。然后选择“创建”选项卡下的“族类型”按钮，如图 3.2.1-1 所示。

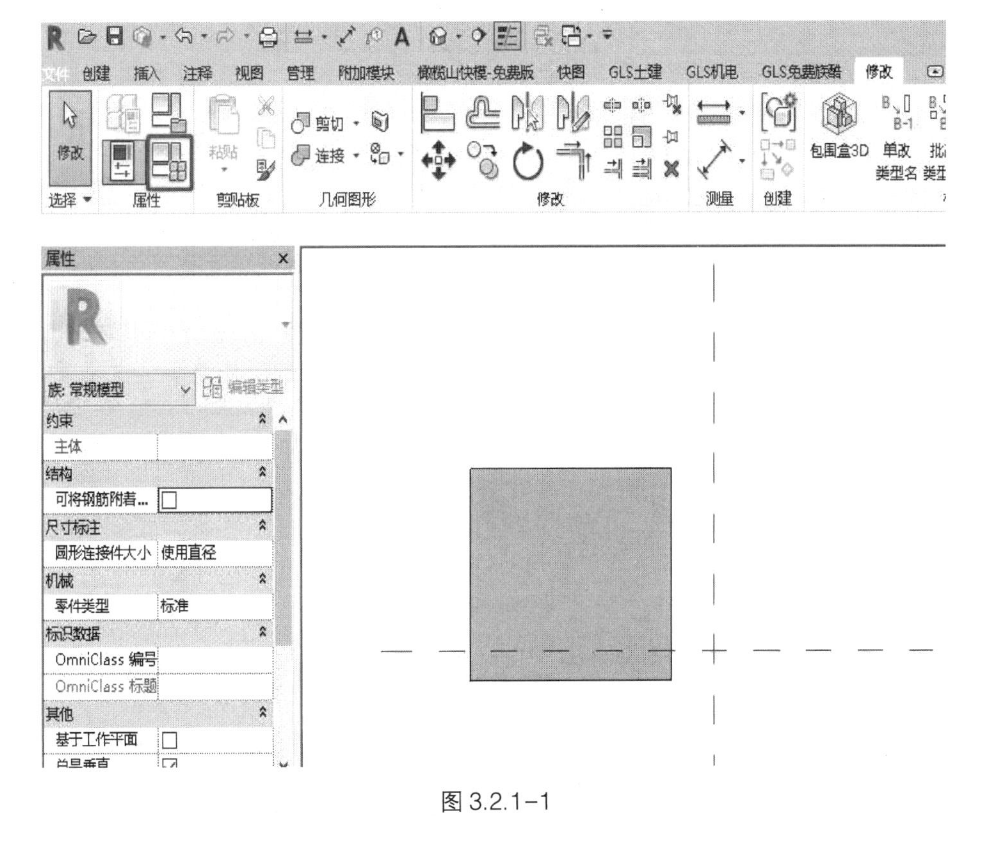

图 3.2.1-1

点击“新建参数”按钮，在“参数属性”对话框，设置“名称”，如图 3.2.1-2 所示。

然后选中尺寸标注，右上角自动出现“标签”标题栏，点击下拉菜单按钮，出现已设置参数，如图 3.2.1-3 所示。选中已设置参数，族参数自动设置，如图 3.2.1-4 所示。

(2) 通过添加的尺寸标注

模型已添加尺寸标注，选中尺寸标注，“修改 | 尺寸标注”控制面板，“标签”栏右

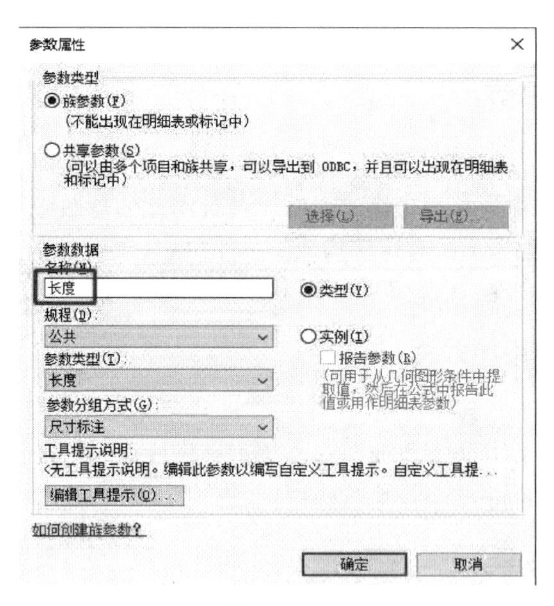

图 3.2.1–2

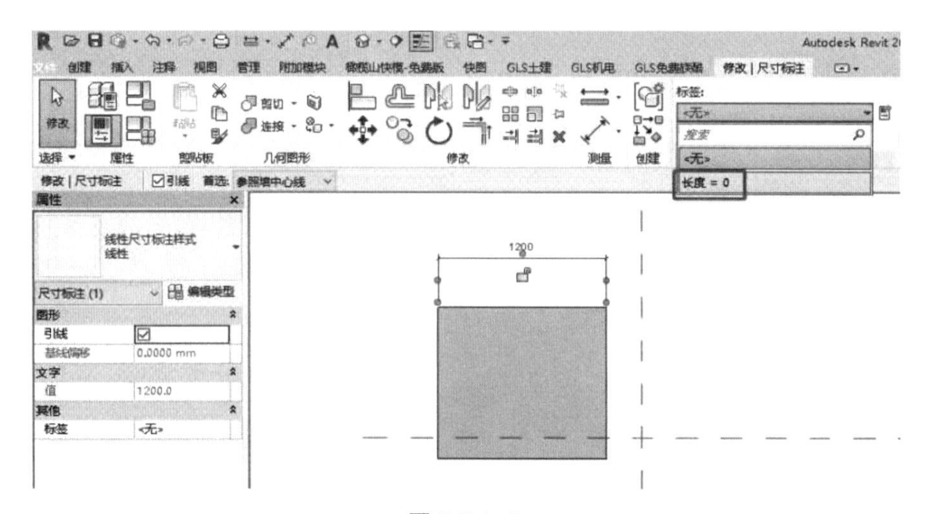

图 3.2.1–3

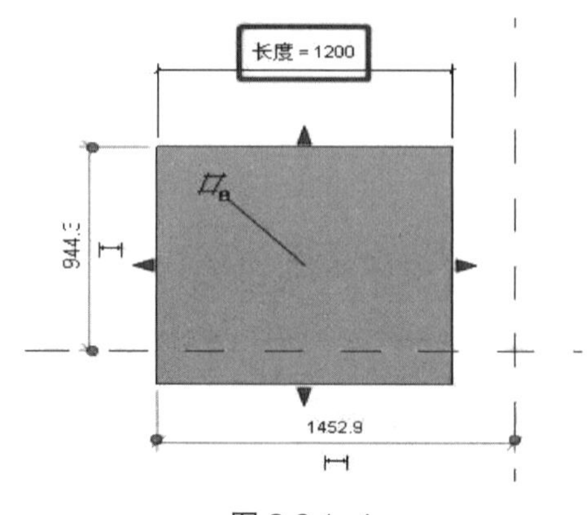

图 3.2.1–4

边“创建参数”按钮，如图 3. 2. 1-5 所示。点击，出现“参数属性”对话框，设置“名称”，点击“确定”，族参数自动设置。如图 3. 2. 1-6 所示。

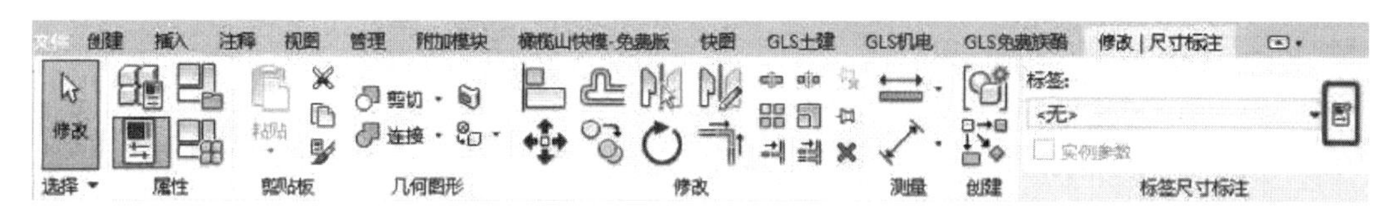

图 3.2.1-5

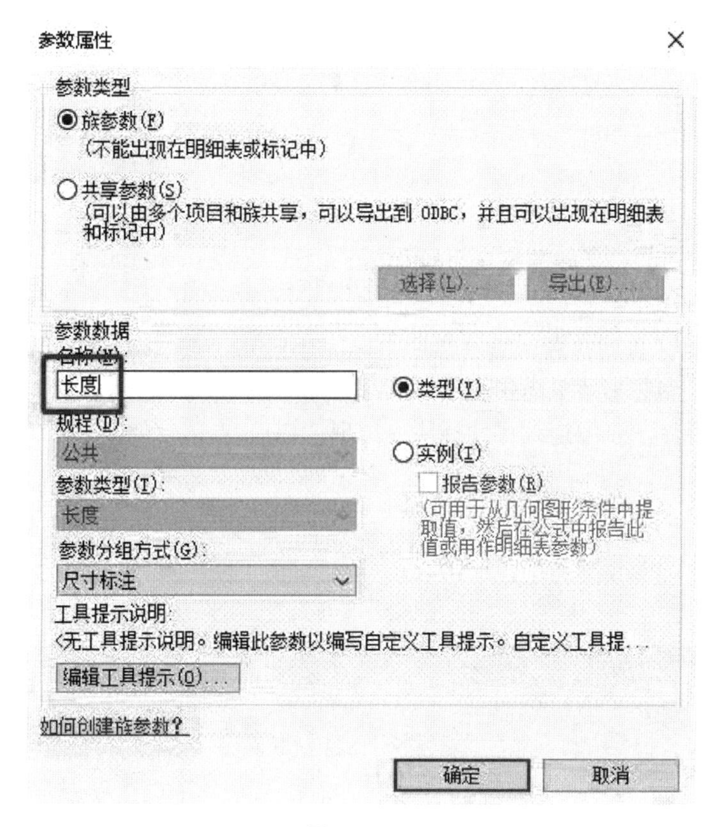

图 3.2.1-6

3. 2. 2　通过参照平面驱动物体变化

(1) 单向改变模型

如上所述，添加族参数的方式是直接对模型的尺寸标注，添加参数。也可以设置参照平面，模型锁定在参照平面，对参照平面的尺寸标注，添加参数，从而间接驱动模型改变。在“参照标高”视图，绘制参照平面，中间用“拉伸”命令创建模型。移动一下模型边界，使模型与参照平面两侧都锁定，如图 3. 2. 2-1 所示。

通过以上同样命令，参照平面设置族参数，族参数驱动参照平面，改变模型形状。

(2) 双向对称改变模型

上面我们所讲通过参照平面驱动模型的方式，是模型一端移动变形，如何实现两端同

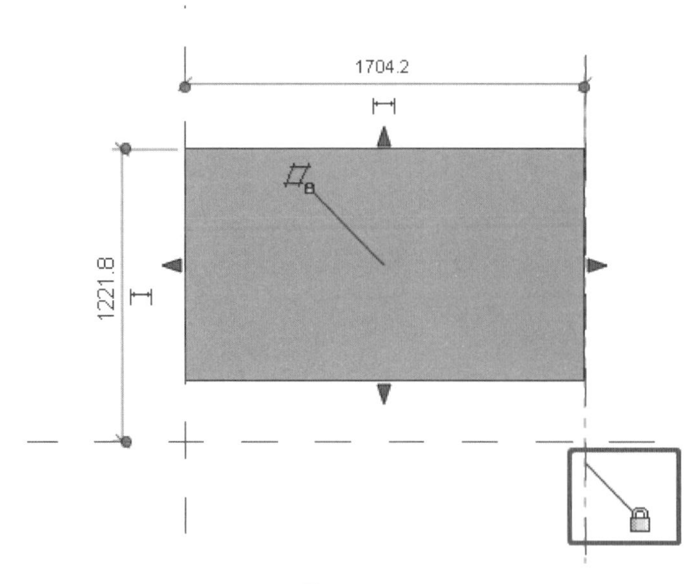

图 3.2.2-1

步变化？在“参照标高”视图，绘制参照平面，中间用“拉伸”命令创建模型。移动一下模型边界，使模型与参照平面锁定。对两端参照平面与中间参照平面进行连续标注，两端参照平面单独标注。选中连续尺寸标注，出现“EQ”点击，如图 3.2.2-2 所示。

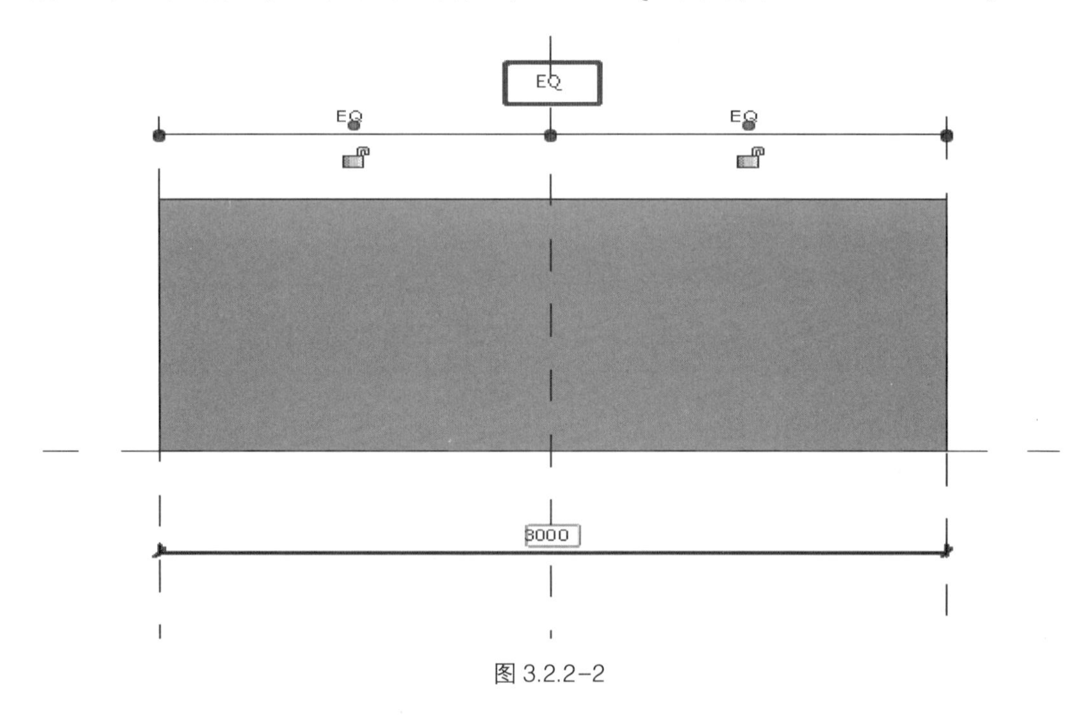

图 3.2.2-2

对两端参照平面单独标注，设置族参数，族参数驱动参照平面，模型两端同步变化，如图 3.2.2-3 所示。

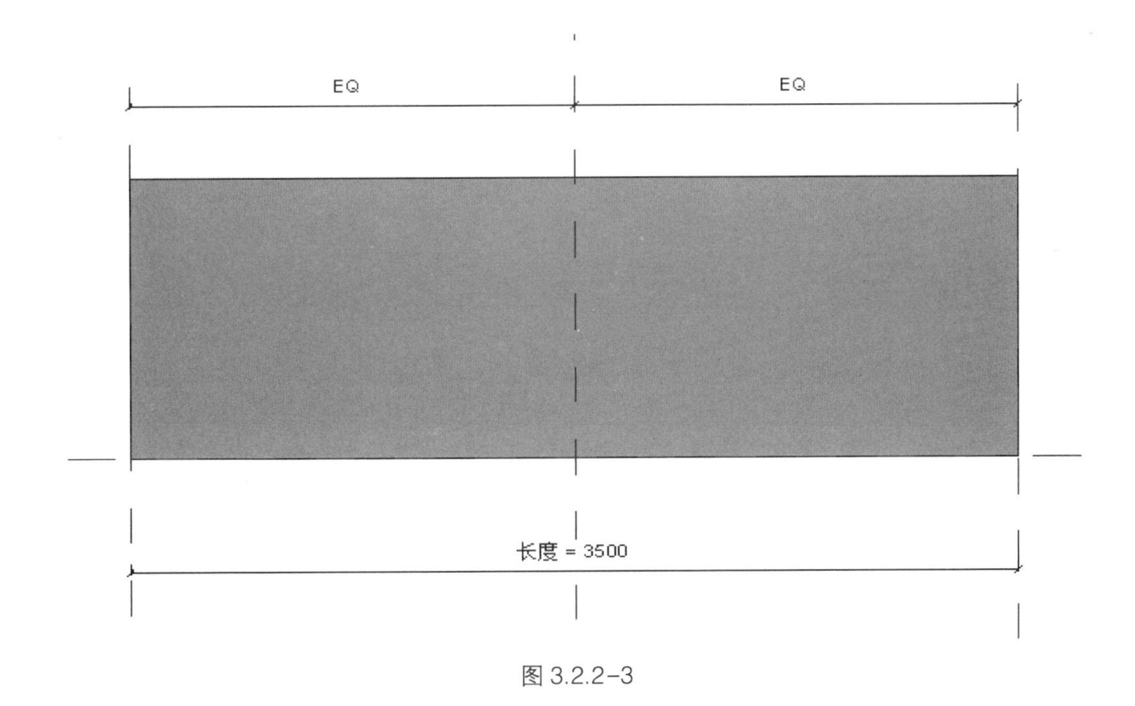

图 3.2.2-3

3.2.3　角度参数化

在“参照标高”视图，点击“创建”选项卡下的“参照线”命令（注意：参照线是有端点的，所以可以旋转；参照平面，无限延伸，没有端点）。选中参照线端点，在水平和竖直两个方向，同时锁定，如图 3.2.3-1 所示。

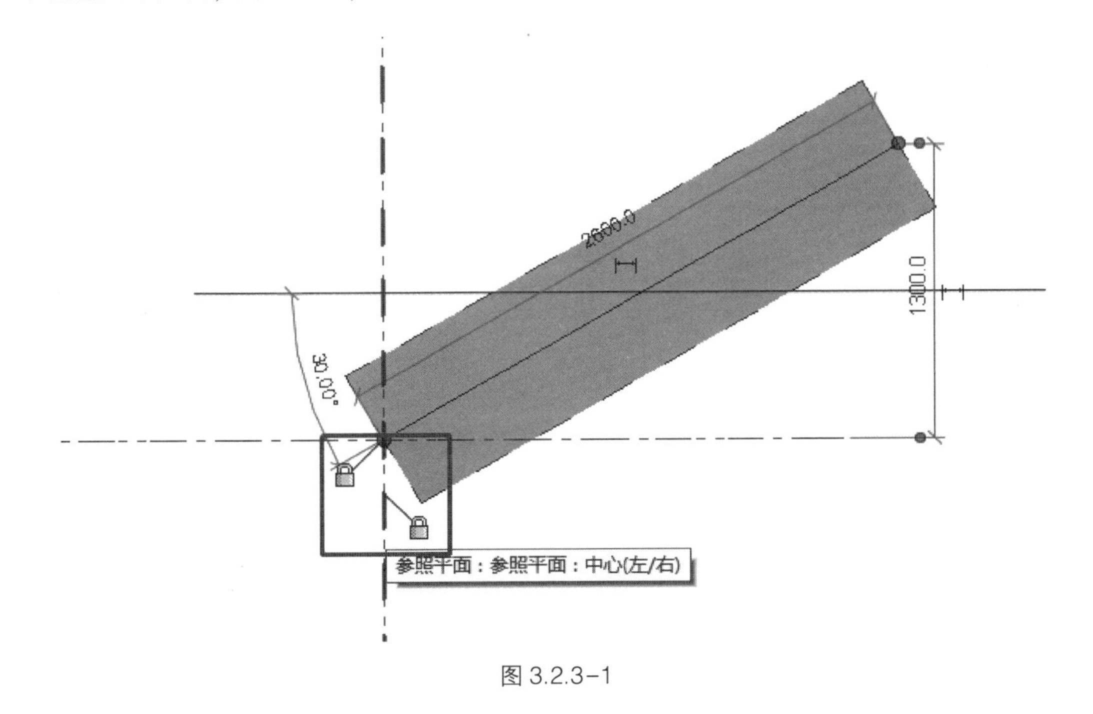

图 3.2.3-1

点击“注释”选项卡下的“角度”命令，再点击两个边，进行角度注释。对角度注释设置参数，同对齐注释参数设置如图 3. 2. 3-2 所示。

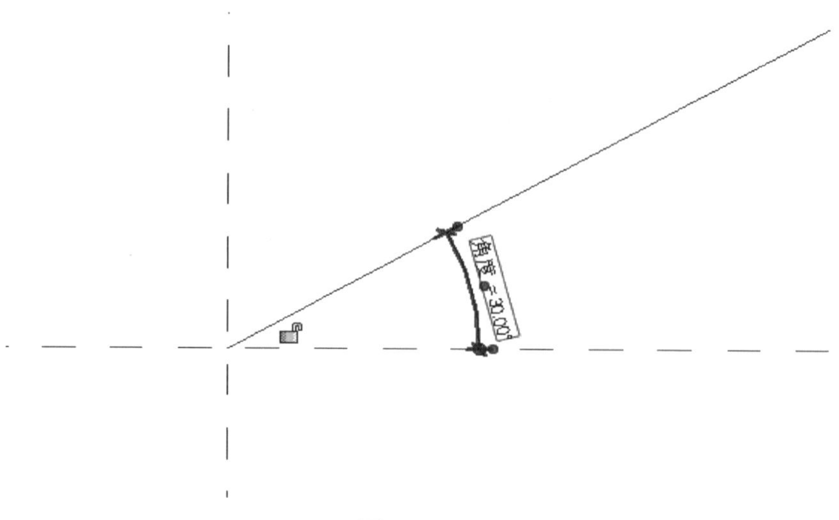

图 3.2.3-2

在参照线边界，做贴合参照线的拉伸模型，移动边界，锁定到参照线，如图 3. 2. 3-3 所示；然后改变角度，会出现警告“不满足约束”，如图 3. 2. 3-4 所示。

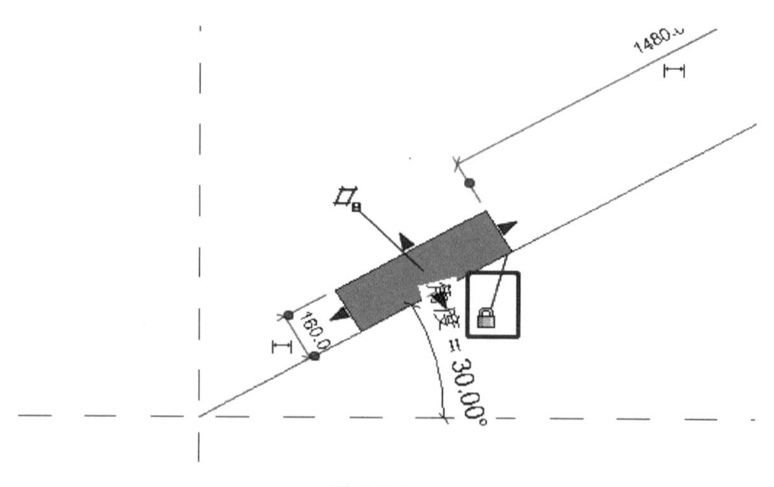

图 3.2.3-3

这就需要另外一种添加族参数方式——在草图内部添加。在模型的草图模式，使用“修改 | 编辑拉伸”选项卡下的“对齐”命令，先点击一下参照线，再点击草图边，锁定，如图 3. 2. 3-5 所示。

点击“修改 | 编辑拉伸”选项卡下的“完成”命令，然后更改角度，模型就会随参照线在平面内移动，如图 3. 2. 3-6 所示。

但是方形模型的形状在变化，怎么处理呢？进入方形模型的草图模式，添加三个方向的尺寸标注，锁定尺寸，如图 3. 2. 3-7 所示。

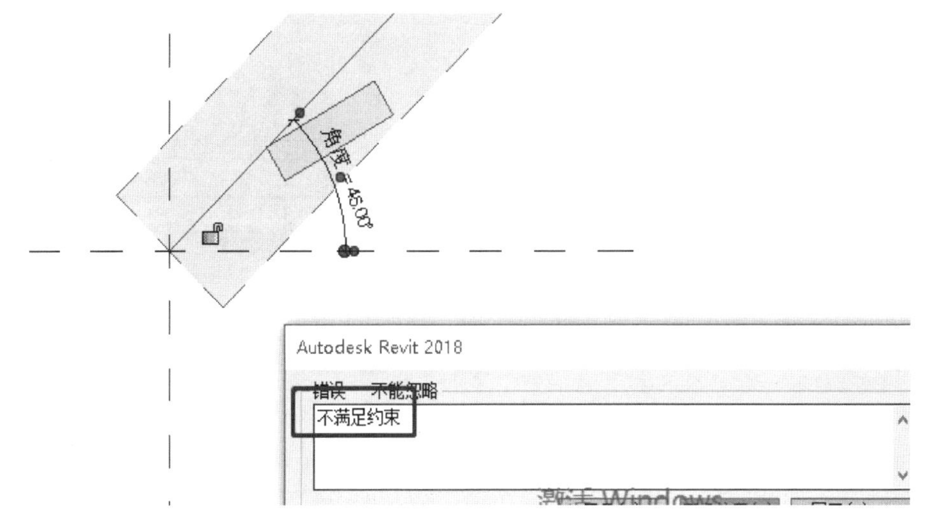

图 3.2.3-4

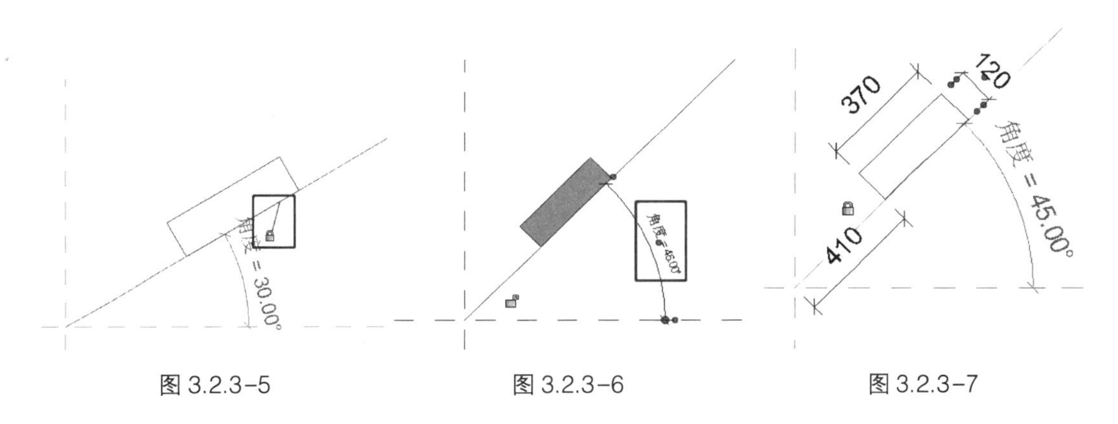

图 3.2.3-5　　图 3.2.3-6　　图 3.2.3-7

点击“修改 | 编辑拉伸”选项卡下的“完成”命令，然后更改角度，模型就会随参照线在平面内移动，形状不变。

3.2.4　径向（半径）参数化

半径注释的参数化和角度注释参数化一样，是需要在草图内设置参数的。在“参照标高”视图，点击“创建”选项卡下的“拉伸”命令，绘制圆形，在草图模式下，添加半径注释，选中半径注释，设置参数，如图 3.2.4-1 所示。

点击“修改 | 编辑拉伸”选项卡下的“完成”命令，改变参数数值，半径自动更改。双击进入圆形模型的草图模式，选中边框，属性浏览器，勾选“中心标记可见”，如图 3.2.4-2 所示。

再点击“修改 | 编辑拉伸”选项卡下的“对齐”命令，先点击参照平面，再点击圆的中心点，模型形心移动到参照平面，锁定，如图 3.2.4-3 所示。

另一个方向步骤一样，如图 3.2.4-4 所示。点击“修改 | 编辑拉伸”选项卡下的“完成”命令，这时，就可以在确定位置的前提下，以参数驱动。

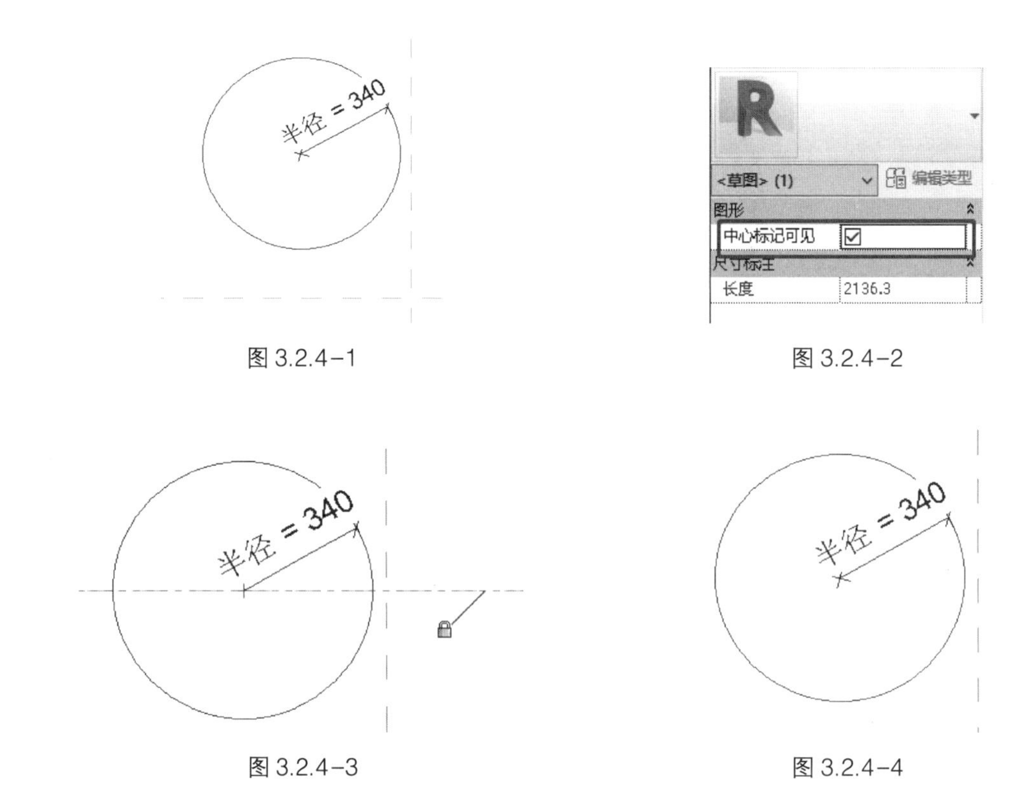

图 3.2.4-1

图 3.2.4-2

图 3.2.4-3

图 3.2.4-4

3.2.5　直径参数化

基本设置步骤同半径注释参数设置。

3.2.6　弧长参数化

弧长注释的参数化是角度注释参数化与长度注释参数化的结合使用，在角度注释参数化的基础上，对模型到原点的距离添加长度参数，两种参数结合，达到弧长参数化。

3.3　结构族特殊参数

3.3.1　阵列参数

在“参照标高”视图，点击“创建”选项卡下的“拉伸”命令，创建方形模型，单击模型，选择“修改 | 拉伸”选项卡下的“阵列”命令，出现“阵列”设置标题栏，设置为“线性”，“成组并关联”勾选，其他选项设置，如图 3. 3. 1-1 所示。

然后选中一点到第二点，自动出现三个相同模型。选中其中一个模型，出现成组数量，可以更改；选中成组数量，出现标签标题栏，如图 3. 3. 1-2 所示。

对其添加参数，“名称”设置“阵列个数”，点击确定个，如图 3. 3. 1-3 所示。

载入到项目中，选中模型，点击“编辑类型”，对“阵列个数”进行更改，如图 3. 3. 1-4 所示。点击“确定”，发现模型数量自动改变。

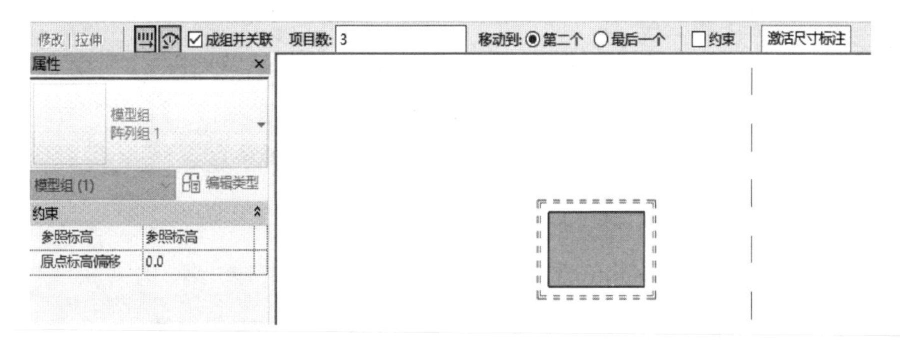

图 3.3.1-1

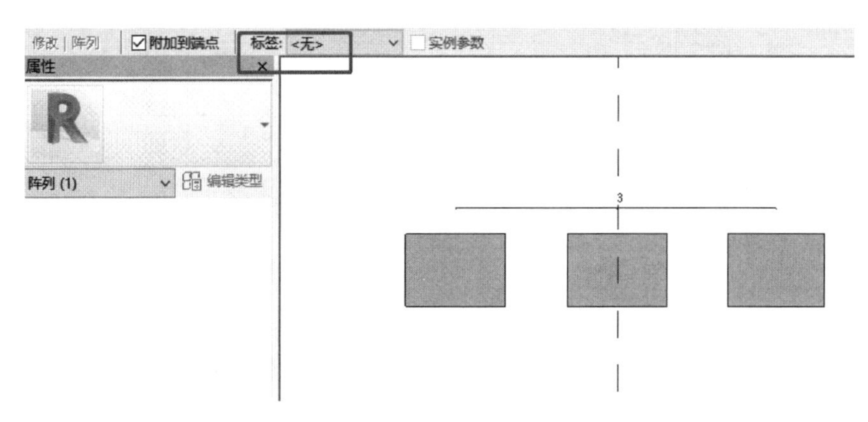

图 3.3.1-2

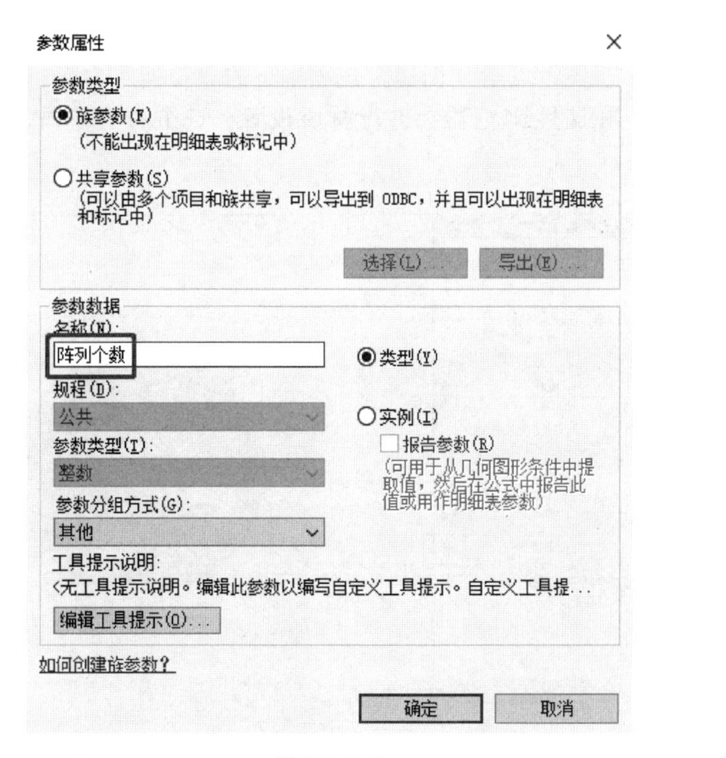

图 3.3.1-3

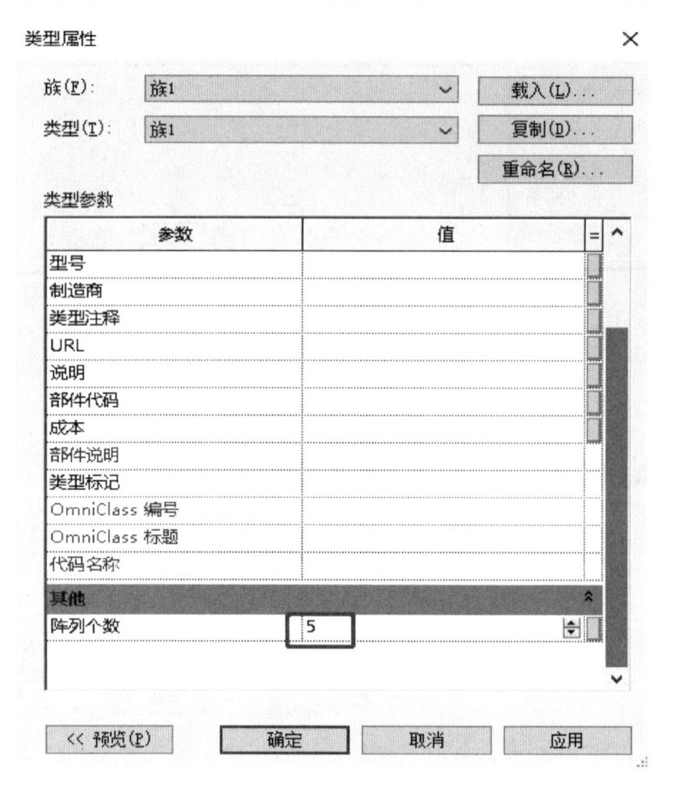

图 3.3.1-4

3.3.2 材质参数

在“参照标高”视图，点击“创建”选项卡下的“拉伸”命令，绘制一个圆形，点击生成，单击模型，在属性浏览器，进行材质设置，点击右边小方块关联族参数，如图 3.3.2-1 所示。

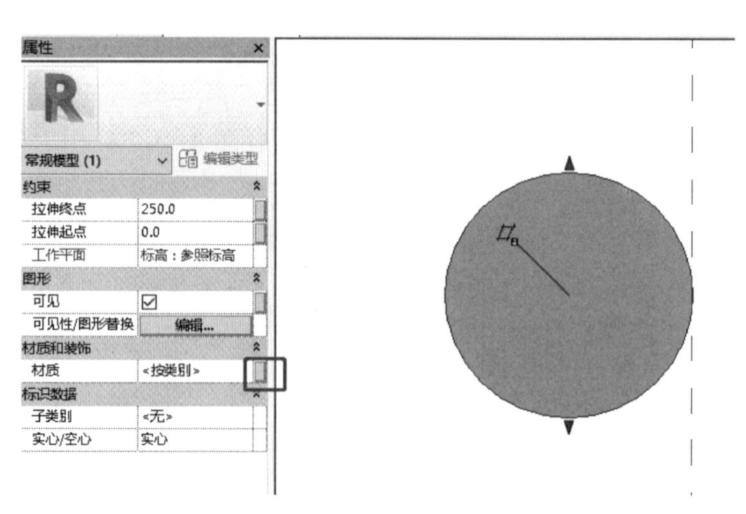

图 3.3.2-1

点击“新建参数”按钮，“名称”设置为“材质参数”，点击确定，如图 3.3.2-2 所示。

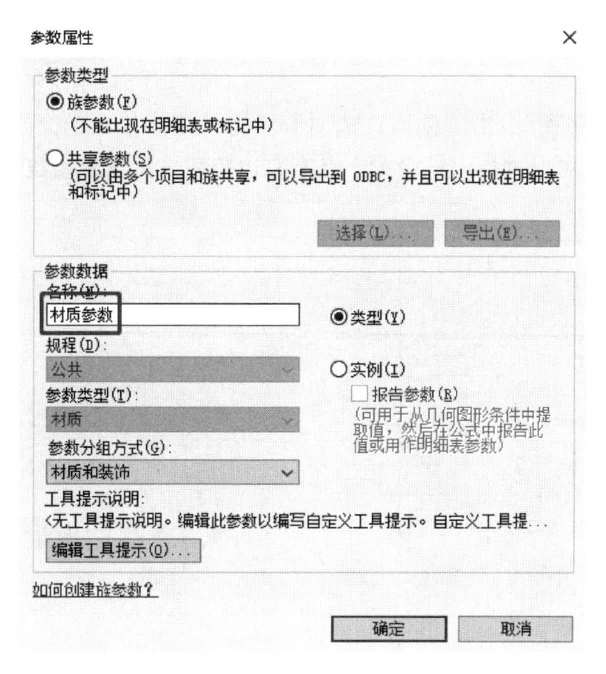

图 3.3.2-2

载入到项目中，选中模型，“编辑类型”，“材质参数”更改，点击“确定”，发现模型材质自动改变，如图 3.3.2-3 所示。

类型属性
族(F): 族1　载入(L)...
类型(T): 族1　复制(D)...
重命名(R)...
类型参数

参数	值
材质和装饰	
材质参数	<按类别>
标识数据	
类型图像	
注释记号	
型号	
制造商	
类型注释	
URL	
说明	
部件代码	
成本	
部件说明	
类型标记	
OmniClass 编号	
OmniClass 标题	

<< 预览(P)　确定　取消　应用

图 3.3.2-3

3.3.3 可见参数

在“参照标高”视图，点击“创建”选项卡下的“拉伸”命令，创建圆形模型，选中模型，在属性浏览器里，可以进行可见设置，点击右边按钮，关联族参数，如图 3.3.3-1 所示。

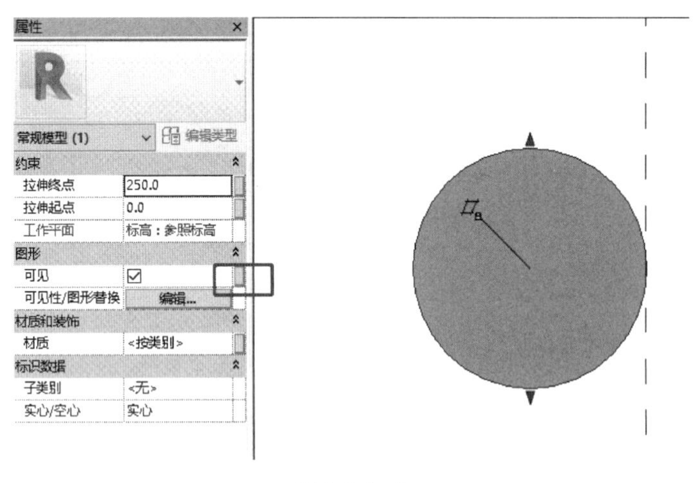

图 3.3.3-1

点击“新建参数”按钮，“名称”设置为“可见”，确定。载入到项目中，选中模型，点击“编辑类型”，最下面，“可见”不勾选，如图 3.3.3-2 所示。点击“确定”，模型在绘图区就已经看不见了。

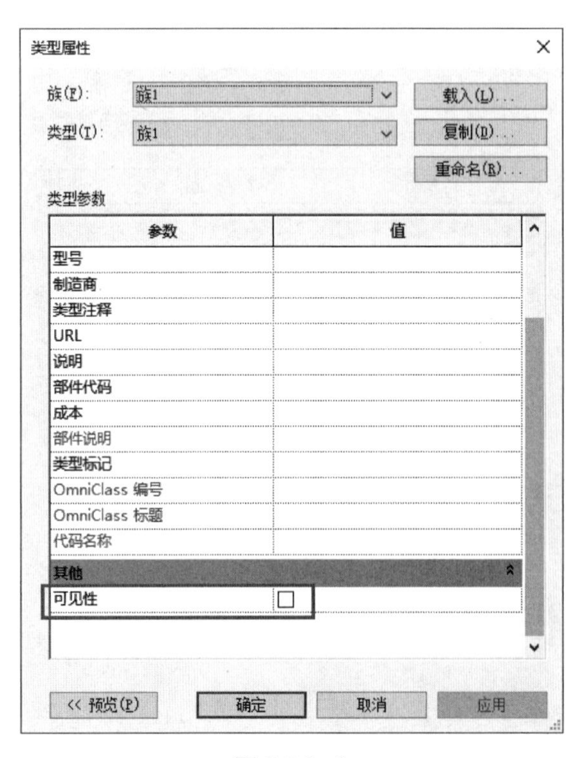

图 3.3.3-2

3.4　结构参数添加方式

3.4.1　族类型

在“参照标高”视图，点击“创建”选项卡下的“拉伸”命令，创建方形模型，设置好参数“长度”、“宽度”后，点击“创建”选项卡下的“族类型”命令，进入对话框，点击“新建类型”按钮，如图 3.4.1-1 所示。

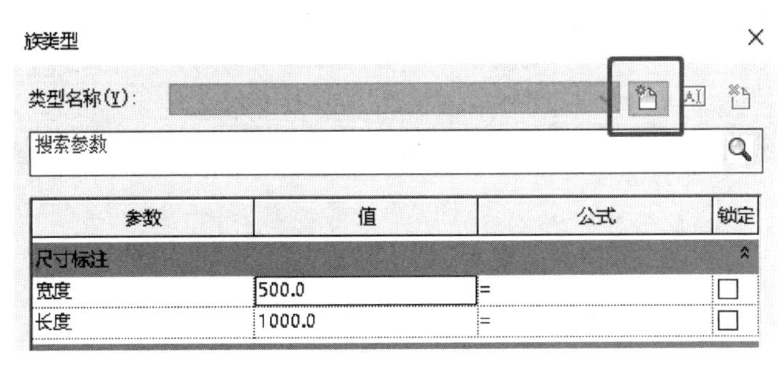

图 3.4.1-1

将“类型名称”设置为 A，然后设置“长度”、“宽度”数值，如图 3.4.1-2 所示。

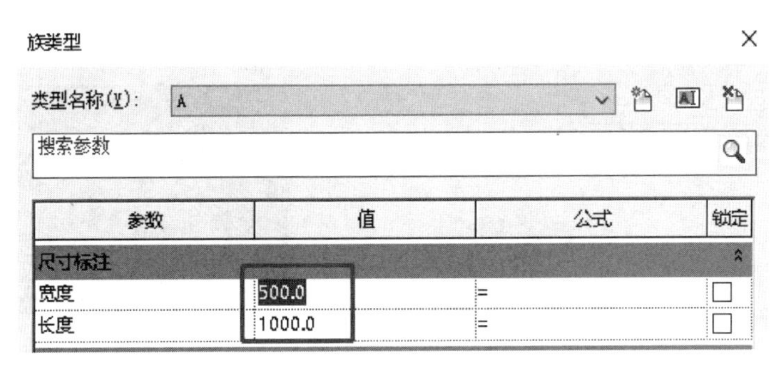

图 3.4.1-2

点击“新建类型”按钮，将“类型名称”设置为 B，然后再设置不同的“长度”、“宽度”数值，如图 3.4.1-3 所示。

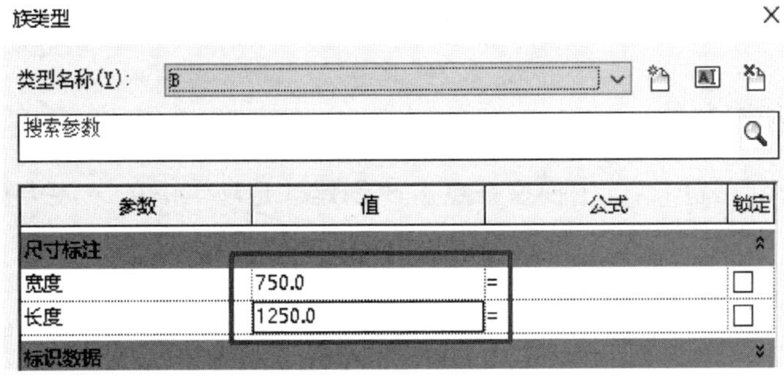

图 3.4.1-3

再次点击“新建类型”按钮，将“类型名称”设置为 C，再次设置不同的“长度”、“宽度”数值，如图 3.4.1-4 所示。

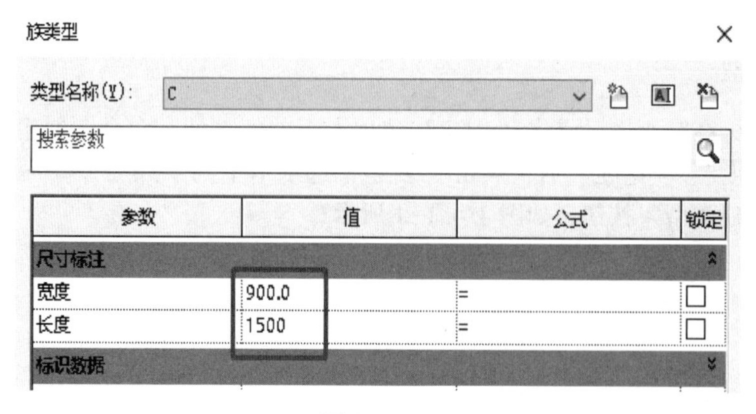

图 3.4.1-4

将建好的矩形族，载入到项目中，选中模型，属性浏览器，会有三个类型出现可供选择，如图 3.4.1-5 所示。

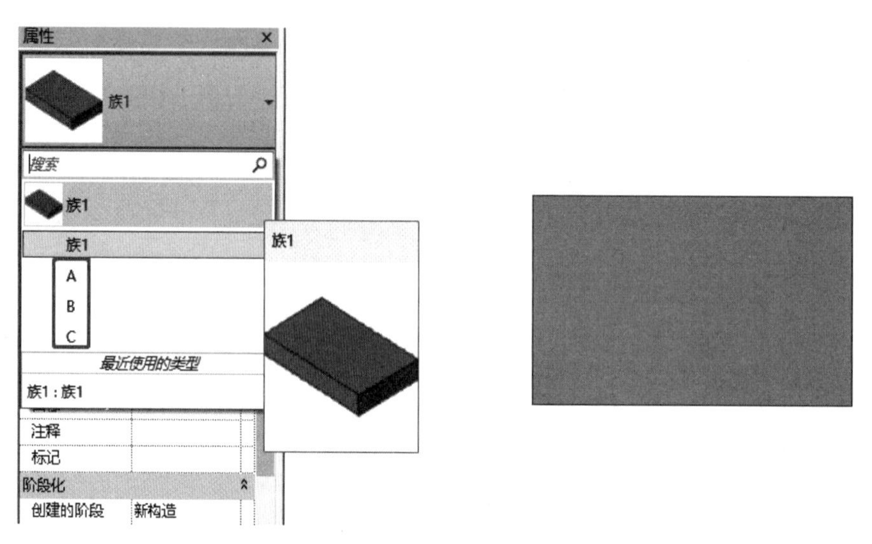

图 3.4.1-5

与在项目中载入的族，切换类型一样，点击“编辑类型”，同样可以复制类型，更改族参数设置。

3.4.2　族类别和族参数

在“参照标高”视图，选中模型，点击“创建”选项卡下的“族类别和族参数”命令，如图 3.4.2-1 所示。

将“族类别”设置为“结构柱”，如图 3.4.2-2 所示。点击确定。

载入到项目，覆盖现有版本及其参数，选中模型，会出现结构柱的属性特征，如图 3.4.2-3 所示。

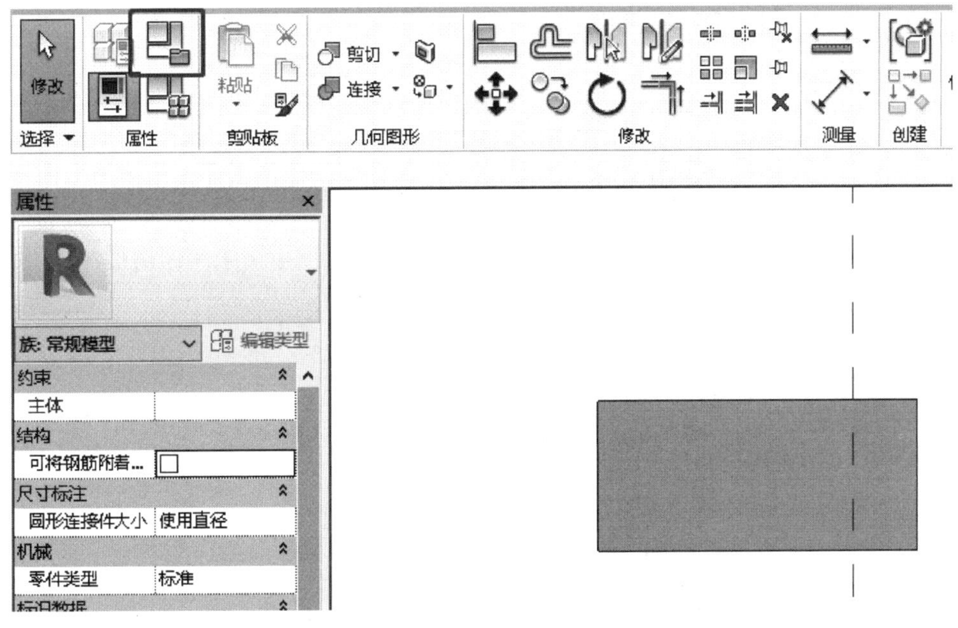

图 3.4.2-1

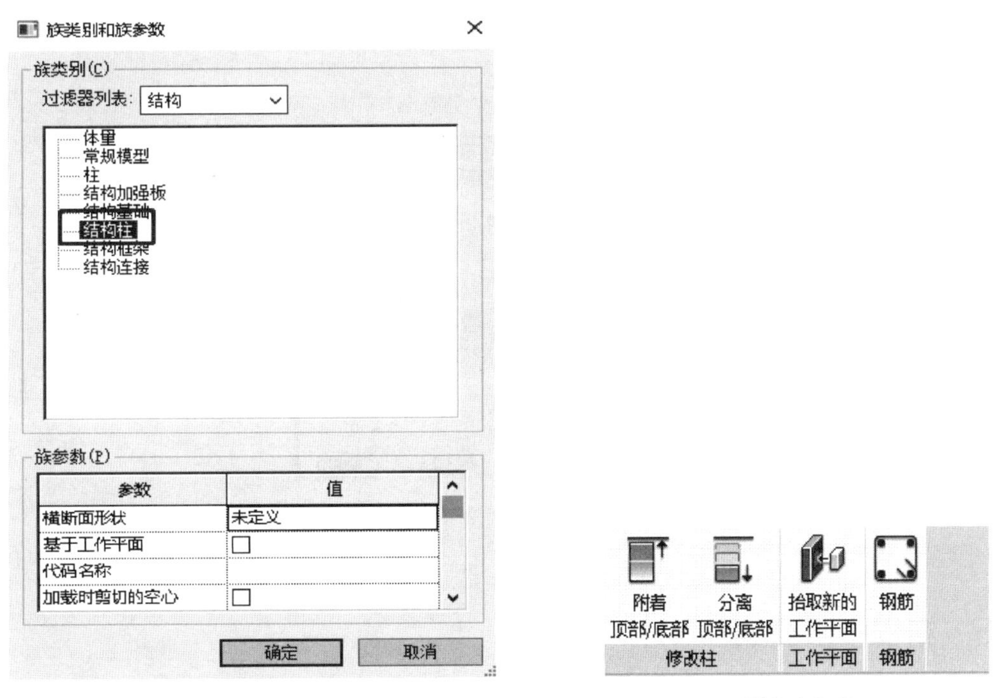

图 3.4.2-2　　　　图 3.4.2-3

将“族类别”设置为“常规模型”，“族参数”设置“可将钢筋附着到主体”勾选，如图 3. 4. 2-4 所示。点击确定。

载入到项目，覆盖现有版本与参数，选中模型，如图 3. 4. 2-5 所示。就具备设置钢筋属性了。若不勾选，则没有“钢筋”命令。

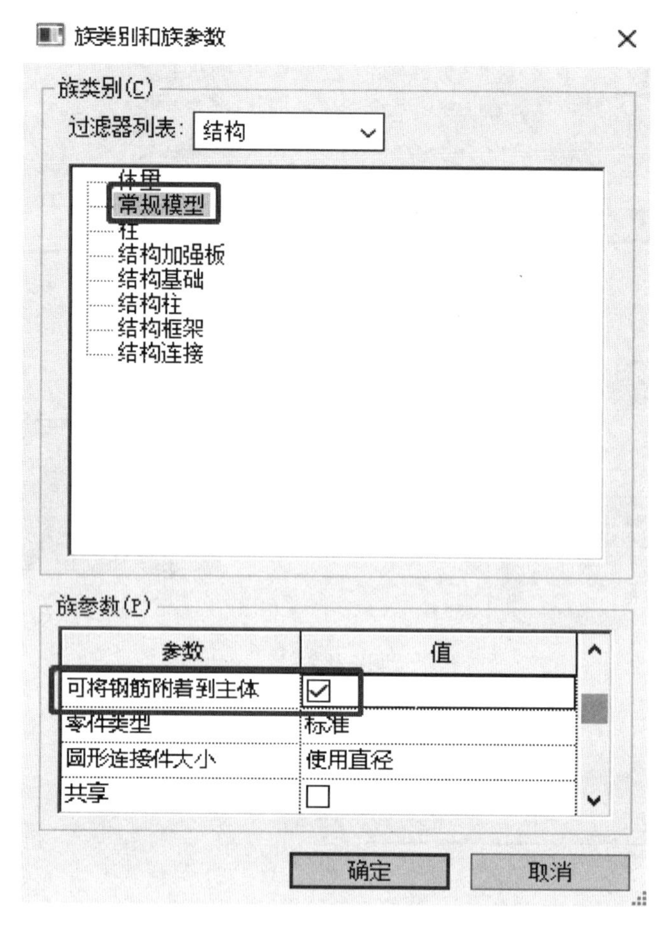

图 3.4.2-4

图 3.4.2-5

3.5 结构参数公式

在“参照标高”视图，点击“创建”选项卡下的“拉伸”命令，创建方形模型，设置“长”“宽”“高”三个方向族参数，如图 3.5-1 所示。

点击“创建”选项卡下的“族类型”命令，弹出对话框，点击左下角“新建参数”按钮，对话框里，“参数类型”选择“面积”，“名称”可以任意设置，这里我们设置为 A，如图 3.5-2 所示。

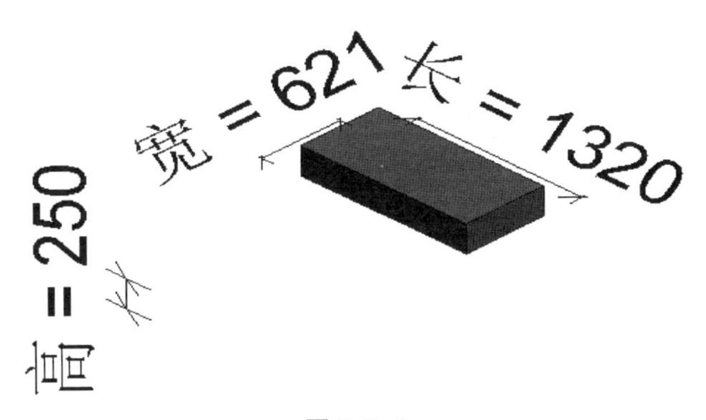

图 3.5-1

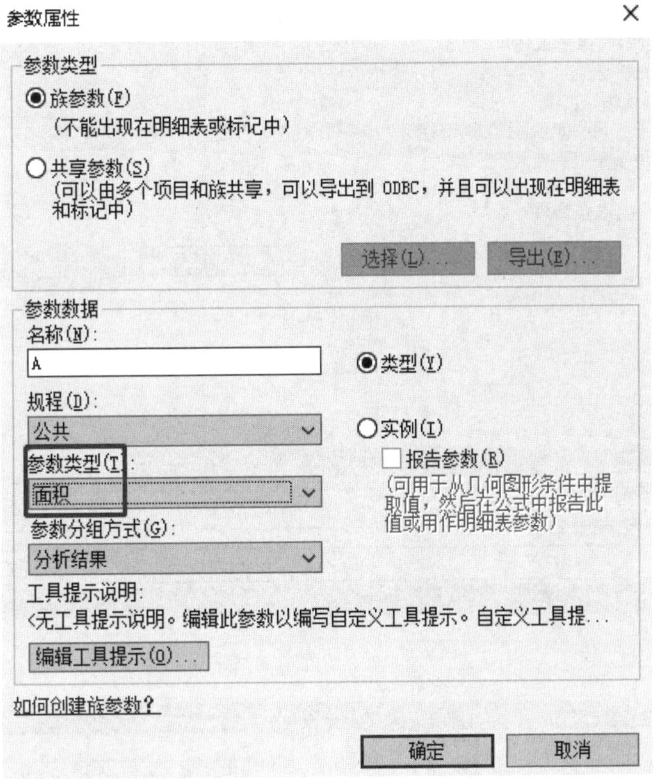

参数属性

参数类型
◉ 族参数(F)
（不能出现在明细表或标记中）
○ 共享参数(S)
（可以由多个项目和族共享，可以导出到 ODBC，并且可以出现在明细表和标记中）
选择(L)...　导出(E)...

参数数据
名称(N):
A
◉ 类型(Y)
规程(D):
公共
○ 实例(I)
参数类型(T):
面积
☐ 报告参数(R)
（可用于从几何图形条件中提取值，然后在公式中报告此值或用作明细表参数）
参数分组方式(G):
分析结果
工具提示说明:
<无工具提示说明。编辑此参数以编写自定义工具提示。自定义工具提...
编辑工具提示(O)...
如何创建族参数？
确定　取消

图 3.5-2

确定之后，再次点击左下角“新建参数”按钮，对话框里，“参数类型”选择“体积”，“名称”任意，设置为 B，如图 3. 5-3 所示。

在“面积”公式栏输入：长＊宽（注意：所有符号在英文输入法下输入），“体积”公式栏输入：长＊宽＊高，如图 3. 5-4 所示。将会自动产生数值，单位分别为平方米、立方米。在“高”公式栏输入：长-宽，如图 3. 5-5 所示。

更改“长”数值，“高”数值自动更改。在“宽”公式栏输入：if（长>1000，200，300），如图 3. 5-6 所示。更改“长”数值，“宽”数值自动更改。

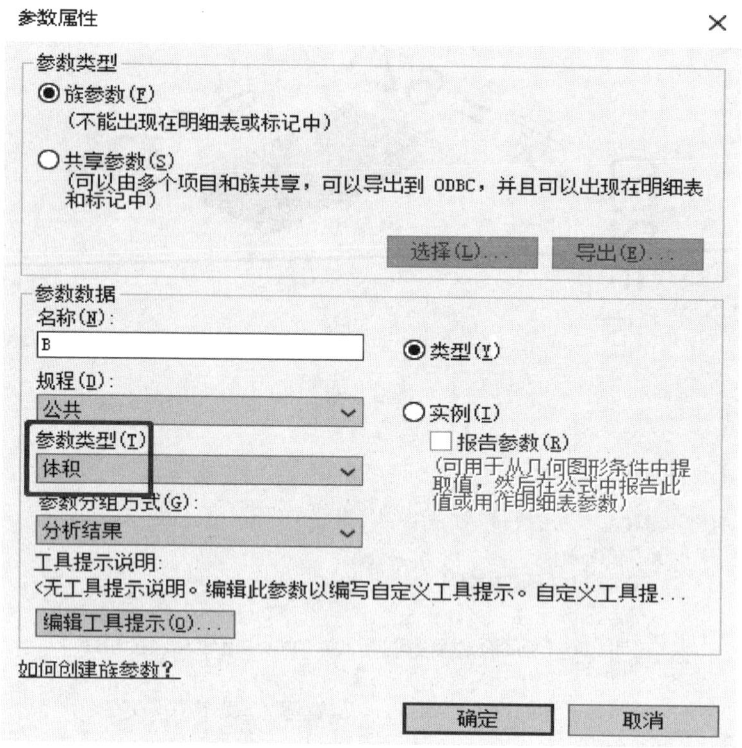

参数属性

参数类型

◉ 族参数(F)
（不能出现在明细表或标记中）

○ 共享参数(S)
（可以由多个项目和族共享，可以导出到 ODBC，并且可以出现在明细表和标记中）

选择(L)...　导出(E)...

参数数据

名称(N)：B　◉ 类型(Y)

规程(D)：公共　○ 实例(I)

参数类型(T)：体积　☐ 报告参数(R)
（可用于从几何图形条件中提取值，然后在公式中报告此值或用作明细表参数）

参数分组方式(G)：分析结果

工具提示说明：
<无工具提示说明。编辑此参数以编写自定义工具提示。自定义工具提...

编辑工具提示(O)...

如何创建族参数？

确定　取消

图 3.5-3

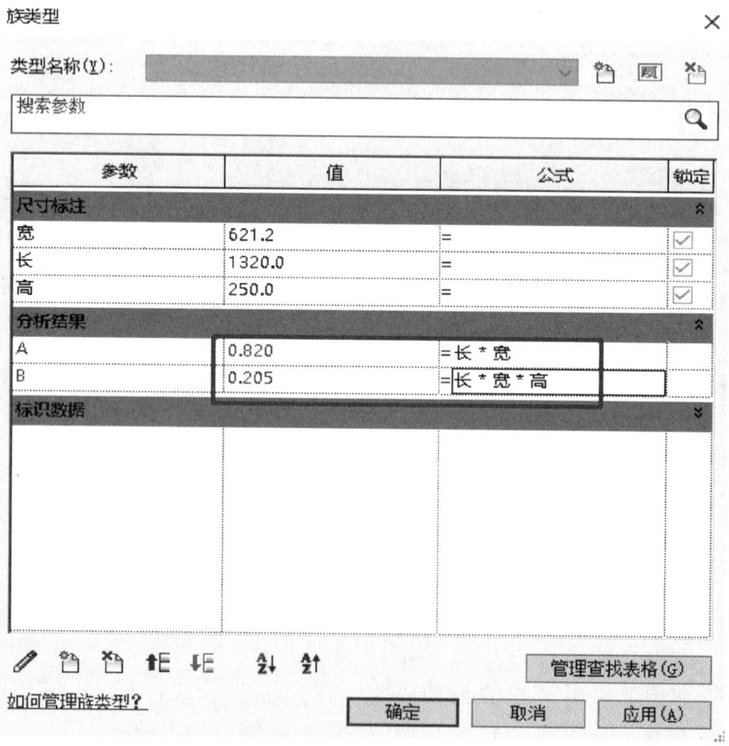

族类型

类型名称(Y)：

搜索参数

参数	值	公式	锁定
尺寸标注			
宽	621.2	=	☑
长	1320.0	=	☑
高	250.0	=	☑
分析结果			
A	0.820	=长 * 宽	
B	0.205	=长 * 宽 * 高	
标识数据			

管理查找表格(G)

如何管理族类型？

确定　取消　应用(A)

图 3.5-4

图 3.5-5

族类型

类型名称(Y):

搜索参数

参数	值	公式	锁定
尺寸标注			
宽	200.0	= if(长 > 1000 mm, 200 mr	☑
长	1320.0	=	☑
高	1120.0	= 长 - 宽	☑
分析结果			
A	0.264	= 长 * 宽	
B	0.296	= 长 * 宽 * 高	
标识数据			

管理查找表格(G)

如何管理族类型?

确定　取消　应用(A)

图 3.5-6

3.6 结构六大参数

Revit 中的六大参数，分别是实例参数、类型参数、族参数、共享参数、项目参数、全局参数。

3.6.1 实例参数、类型参数

实例参数，对单一物体的属性进行设置。

实例参数的特点是，对它的修改只会应用于那些被选择的图元。那么如果是要修改这个对象的所有实例的实例参数，就必须先把这些族实例都选出来。可以在明细表里选择这些对象，或者右键单击一个对象然后选择“选择所有实例”。在使用右键菜单时，下面这两个选项是有差别的，“在视图中可见”和“在整个项目中”。

类型参数，对同一种族类型的属性进行设置。

在需要建立新的类型时，通常是从已有的类型复制出一个新类型，然后再编辑该类型下的这个类型参数。因为在不创建新类型的情况下去修改类型参数，这个修改会传递到属于这个类型的每个实例。类型参数就是这样的特点，如果只是需要修改某个族类型的一个或者部分实例，那么就需要创建一个新的族类型。

在“参照标高”视图，点击“创建”选项卡下的“拉伸”命令，创建方形模型，设置族参数，类型参数：“长度”，如图 3. 6. 1-1 所示。设置族参数，实例参数：“宽度”，如图 3. 6. 1-2 所示。

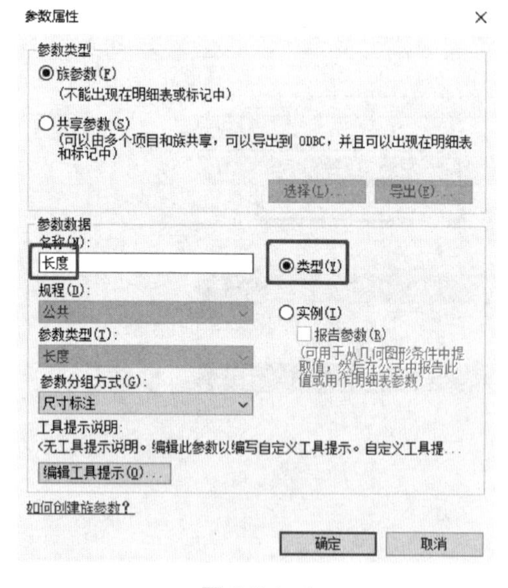

图 3.6.1-1

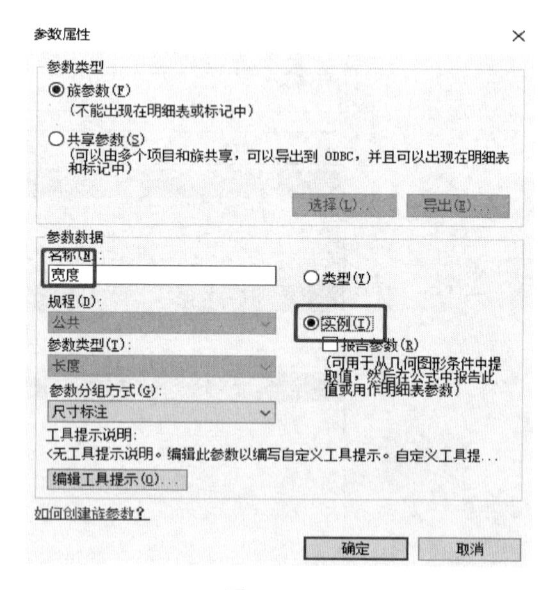

图 3.6.1-2

载入到项目，复制出另外两个模型，选中一个模型，“属性浏览器”—“宽度”更改数值，其他两个模型尺寸不变，如图 3. 6. 1-3 所示。

选中一个模型，“编辑类型”里，“长度”更改数值，三个模型全部尺寸改变。

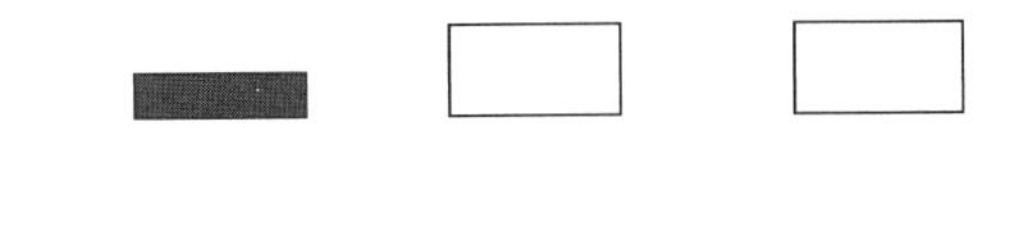

图 3.6.1-3

3.6.2　族参数、共享参数

族参数，载入项目文件后，不能出现在明细表或标记中。

共享参数，可以由多个项目和族共享，载入项目文件后，可以出现在明细表和标记中。如果使用“共享参数”，将在一个 txt 文档中记录这个参数。

在“参照标高”视图，点击“创建”选项卡下的“拉伸”命令，创建方形模型，设置族参数，类型参数：“长度”，如图 3.6.2-1 所示。

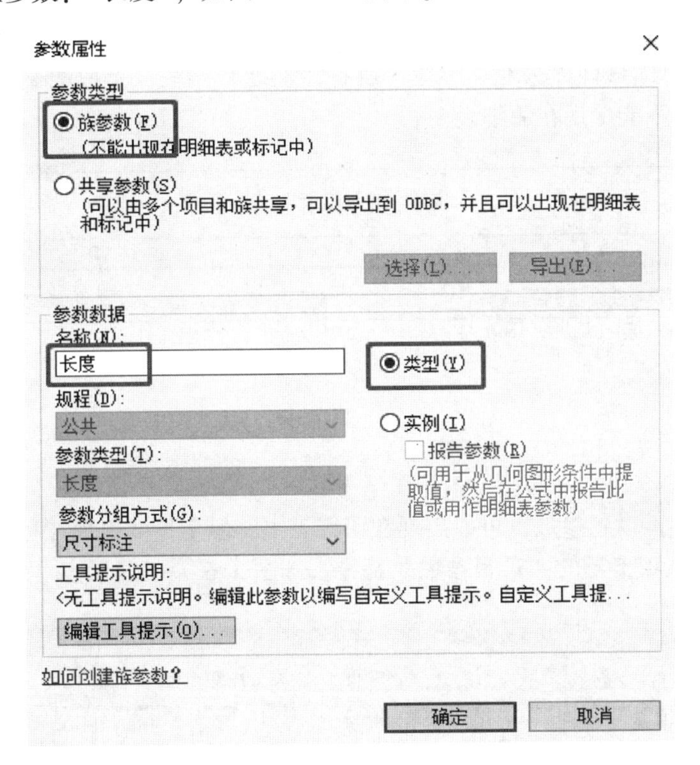

图 3.6.2-1

设置共享参数，类型参数：“宽度”，创建 txt 文件，新建组“技术组”，新建参数“宽度”，如图 3.6.2-2 所示。

图 3.6.2-2

载入到项目中，覆盖现有版本及参数值，“视图”选项卡中“明细表”命令，常规模型，在“字段”中，只有“宽度”字段，没有“长度”字段，生成明细表，如图 3.6.2-3 所示，即族参数不能出现在明细表中。

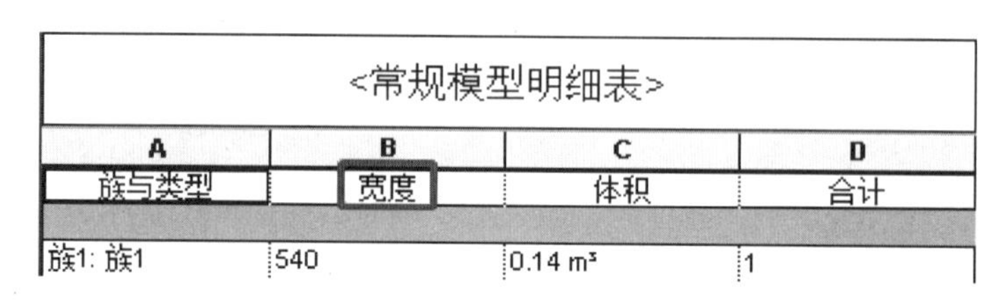

图 3.6.2-3

3.6.3 项目参数

对项目中的构件设置参数，可以出现在明细表中，但是不能出现在标记中。

在“管理”选项卡下的“项目参数”命令，如图 3.6.3-1 所示。

图 3.6.3-1

点击“添加”，出现对话框，如图 3. 6. 3-2 所示。

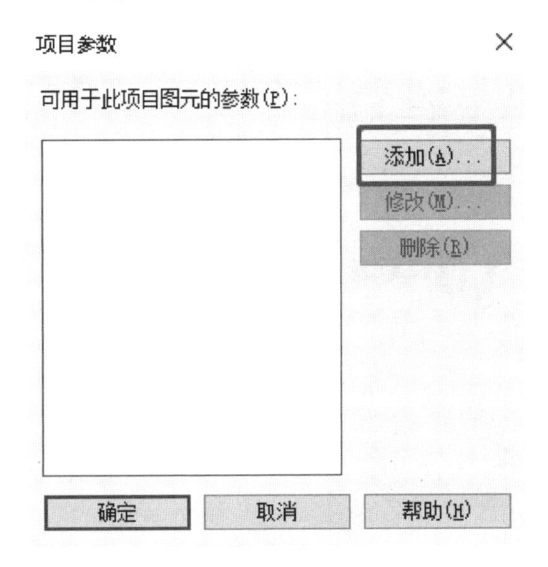

图 3.6.3-2

在弹出的参数属性框中，右侧，“类别”浏览器中选择：“结构”—“结构框架”“结构柱”，更改任意名称，例如：“筑龙”，将参数类型设置为“文字”，参数类型设置为：实例参数，如图 3. 6. 3-3 所示，点击确定。

图 3.6.3-3

在项目中绘制一个梁、结构柱模型，点击模型会在属性浏览器，出现文字：“筑龙”，如图 3. 6. 3-4 所示。

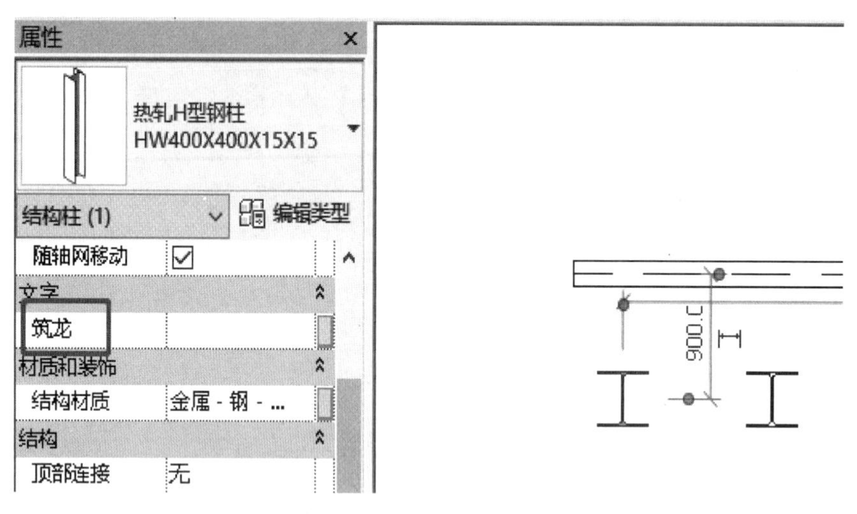

图 3.6.3-4

再次使用“项目参数”命令，点击“添加”，出现对话框，在“类别”浏览器，选择：“结构”，“常规模型”，更改任意名称，例如：“学社”，参数类型：“文字”，实例参数，如图 3. 6. 3-5 所示，点击确定。

图 3.6.3-5

选中常规模型，属性浏览器，出现文字：“学社”，如图 3. 6. 3-6 所示。

双击常规模型，进入族界面，选中，属性浏览器，无文字注释，即项目参数的应用范围只涉及项目内，如图 3. 6. 3-7 所示。

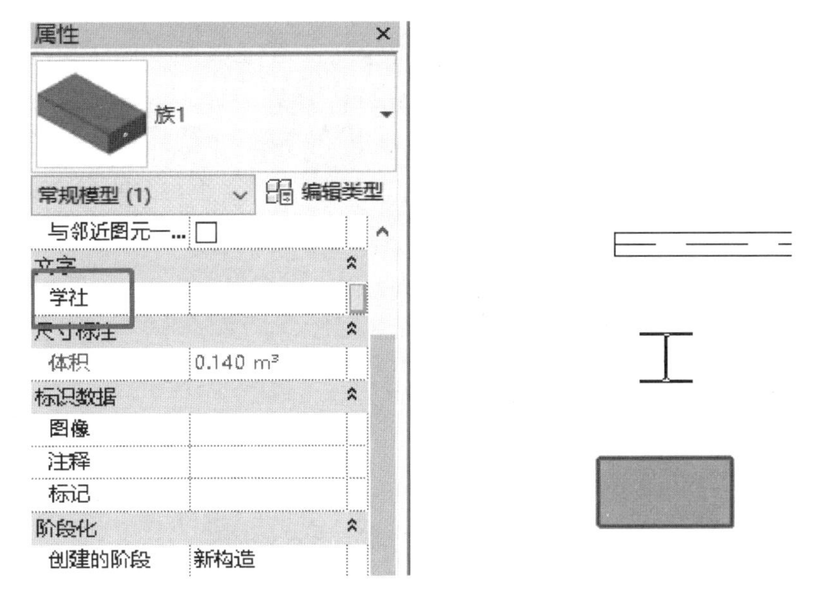

图 3.6.3-6

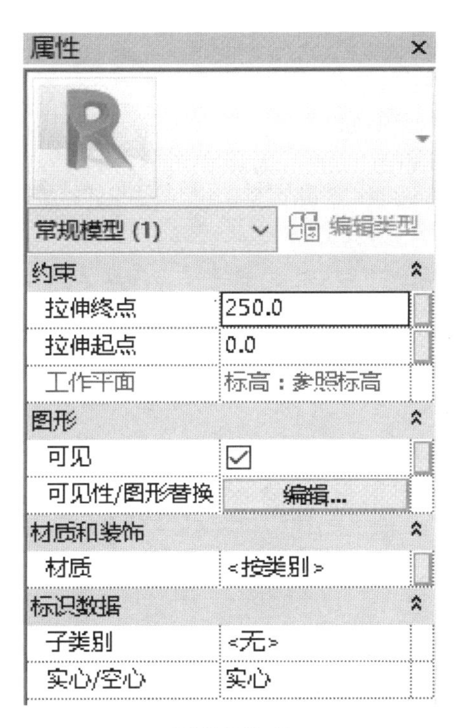

图 3.6.3-7

3.6.4　全局参数

全局参数：全局参数特定于单个项目文件，但未像项目参数那样指定给类别。全局参数可以是简单值、来自表达式的值或使用其他全局参数从模型获取的值。

在“管理”选项卡下的“全局参数”命令，如图 3.6.4-1 所示。

图 3.6.4-1

点击，“新建全局参数”按钮，名称设置为“A”，如图 3.6.4-2 所示。点击确定。

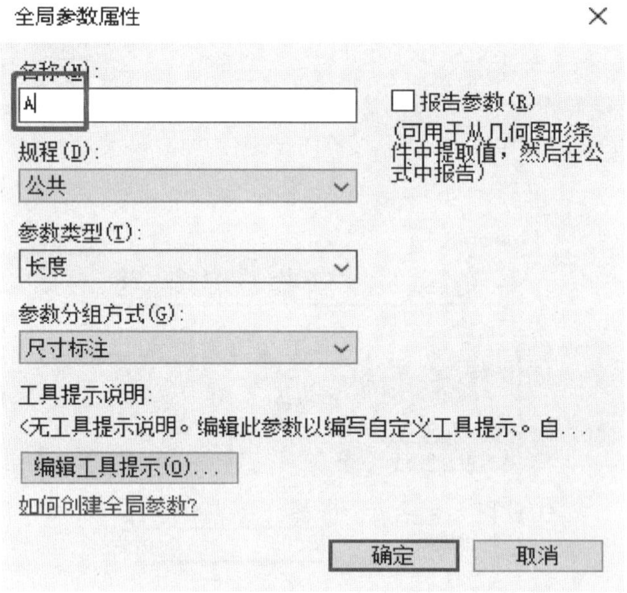

全局参数属性

名称(N)：A

报告参数(R)
(可用于从几何图形条件中提取值，然后在公式中报告)

规程(D)：公共

参数类型(T)：长度

参数分组方式(G)：尺寸标注

工具提示说明：
<无工具提示说明。编辑此参数以编写自定义工具提示。自...

编辑工具提示(O)...

如何创建全局参数?

确定　取消

图 3.6.4-2

“B”“C”的设置方法同理，模型添加尺寸标注，赋予“A”“B”“C”参数设置，改变参数值，模型间距自动改变，如图 3.6.4-3 所示。

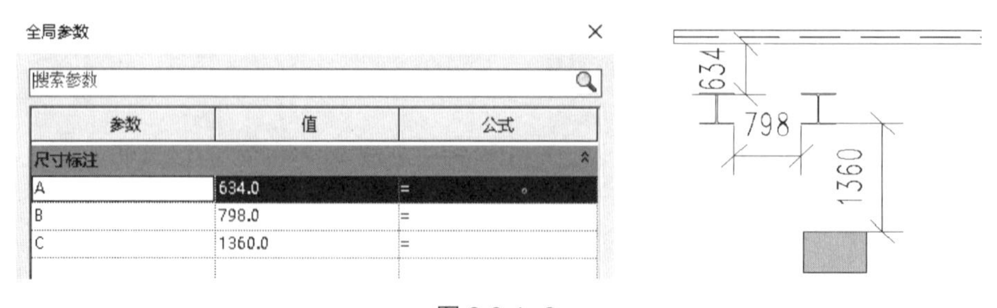

图 3.6.4-3

在“管理”选项卡下的“全局参数”命令，在“C”参数的公式栏，输入：A-B，设置参数公式，如图 3.6.4-4 所示。

在结构平面视图，选中梁构件，点击“编辑类型”按钮，在对话框中选择“尺寸标

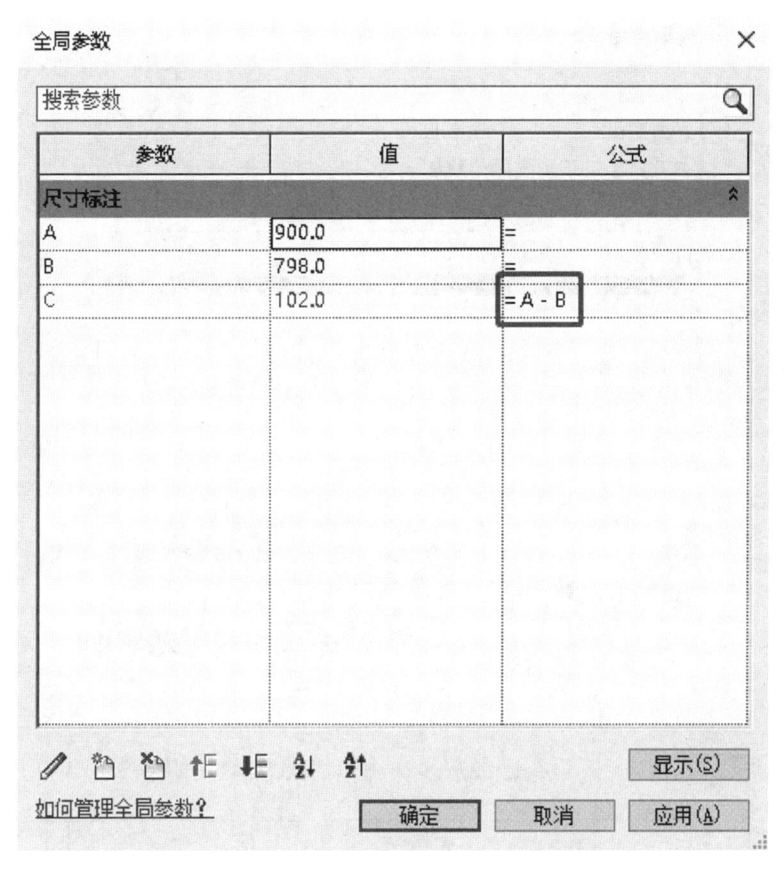

图 3.6.4-4

注 d”，点击右边小方块，“关联全局参数”按钮，如图 3. 6. 4-5 所示。

参数	值	=
结构		
W	1.373800	
A	0.018 m²	
横断面形状	未定义	
尺寸标注		
bf	402.0	
d	388.0	
k	37.0	
kr	22.0	
tf	15.0	
tw	15.0	

图 3.6.4-5

在关联全局参数对话框中，选择所需参数，例如图 3. 6. 4-6 所示。

图 3.6.4-6

点击确定后，“尺寸标注 d”，已经灰显，由 B 参数驱动，如图 3.6.4-7 所示。

参数	值	=
结构		
W	1.373800	
A	0.018 m²	
横断面形状	未定义	
尺寸标注		
bf	402.0	
d	798.0	=
k	37.0	
kr	22.0	
tf	15.0	
tw	15.0	

图 3.6.4-7

第4章　特殊族的创建

4.1　结构嵌套族

可以在族中载入其他族，被载入的族成为嵌套族。将现有的族嵌套在其他族中，可以使嵌套族被多个族重复利用，从而节约建模时间。下面以一个实例说明如何使用嵌套族以及如何关联主体族和嵌套族的参数信息。

打开一个“公制常规模型”样板。

（1）单击功能区中的“创建”—“形状”“拉伸”，单击“修改创建拉伸”选项栏上“绘制”一口“矩形”按钮，在绘图区域绘制一矩形，单击“模式”面板上的√按钮“完成编辑模式”。在“族类型”对话框中，新建一个族类型“类型1”，添加类型参数“长”和实例参数“宽”，分别和长方体的长和宽进行标签，见图4.1-1。

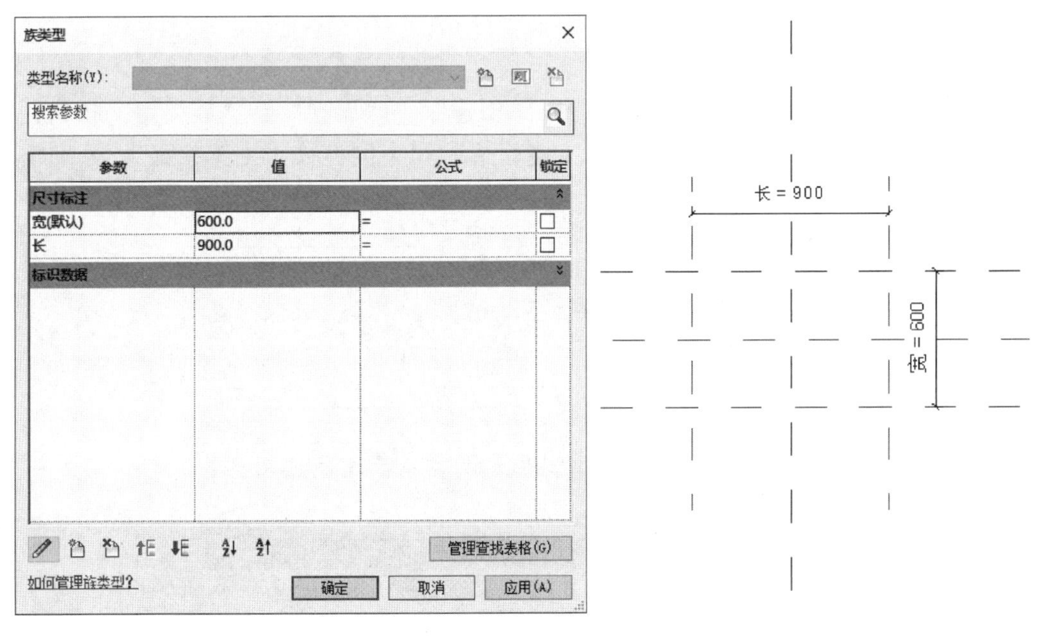

图4.1-1

（2）将这个族保存为“嵌套族1.rfa”。

（3）用“公制常规模型.rft”族样板创建另一个族，保存为“主体族.rfa”。

（4）打开“嵌套族1.rfa”文件，单击功能区中“载入到项目”按钮，见图4.1-2，将“嵌套族1.rfa”载入到“主体族.rfa”中。

（5）在“主体族.rfa”的项目浏览器中出现一个族名为“嵌套族1”，类型名为“类型1”的嵌套族。单击“类型1”，然后拖到绘图区域，见图4.1-3。

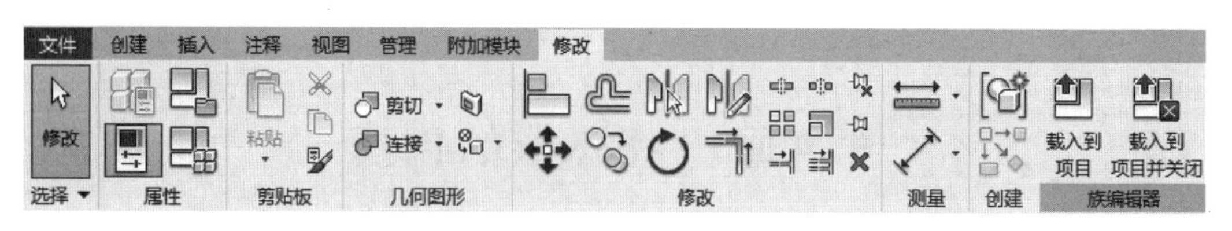

图 4.1-2

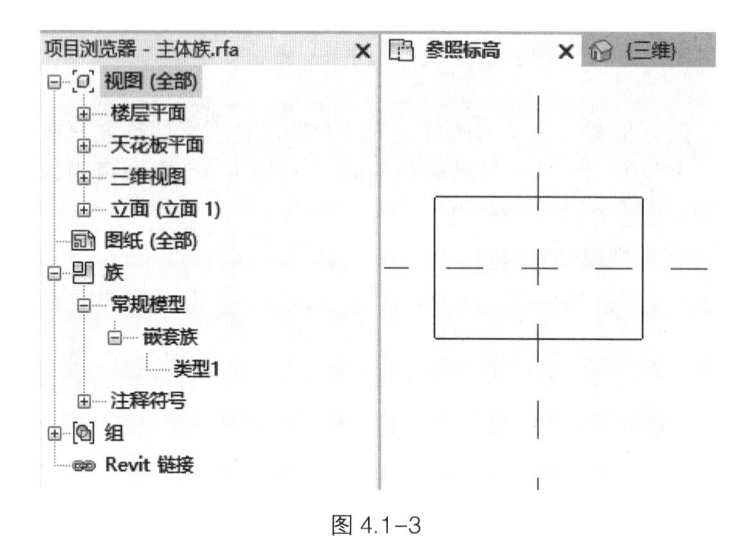

图 4.1-3

（6）在“主体族. rfa”中，单击功能区“创建”—“属性”—“族类型”按钮，打开“族类型”对话框。添加类型参数“主体族长”和实例参数“主体族宽”，分别输入“100”和“50”作为参数值，见图 4.1-4。

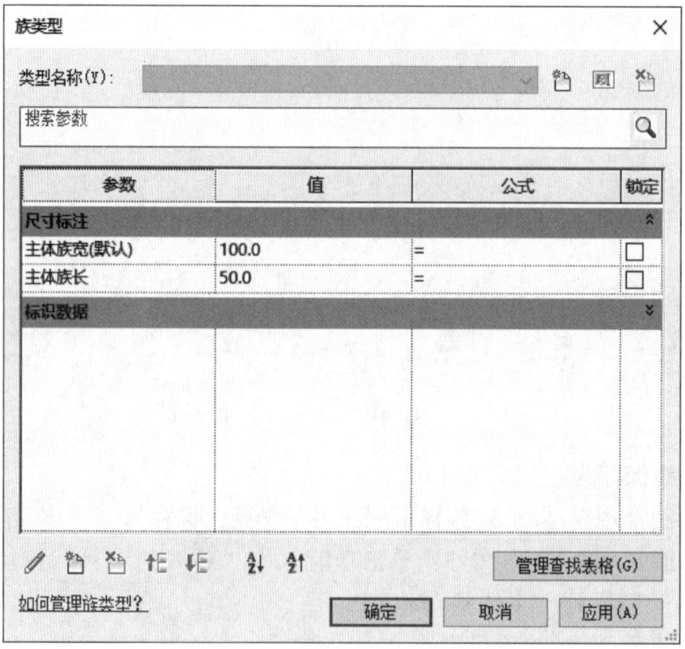

族类型

类型名称(Y):

搜索参数

参数	值	公式	锁定
尺寸标注			
主体族宽(默认)	100.0	=	☐
主体族长	50.0	=	☐
标识数据			

管理查找表格(G)

如何管理族类型?

确定　取消　应用(A)

图 4.1-4

（7）在项目浏览器中双击“类型 1”，打开“类型属性”对话框，见图 4.1–5。此时只能看到参数“长”，因为这个参数是“类型”参数。参数“宽”不可见，因为参数“宽”是“实例”参数。单击参数“长”最右边的“关联族参数”按钮，打开“关联族参数”对话框，选择“主体族长”参数。这样就可以用“主体族.rfa”中的“主体族长”参数去驱动“嵌套族 1.rfa”中的“长”参数了。

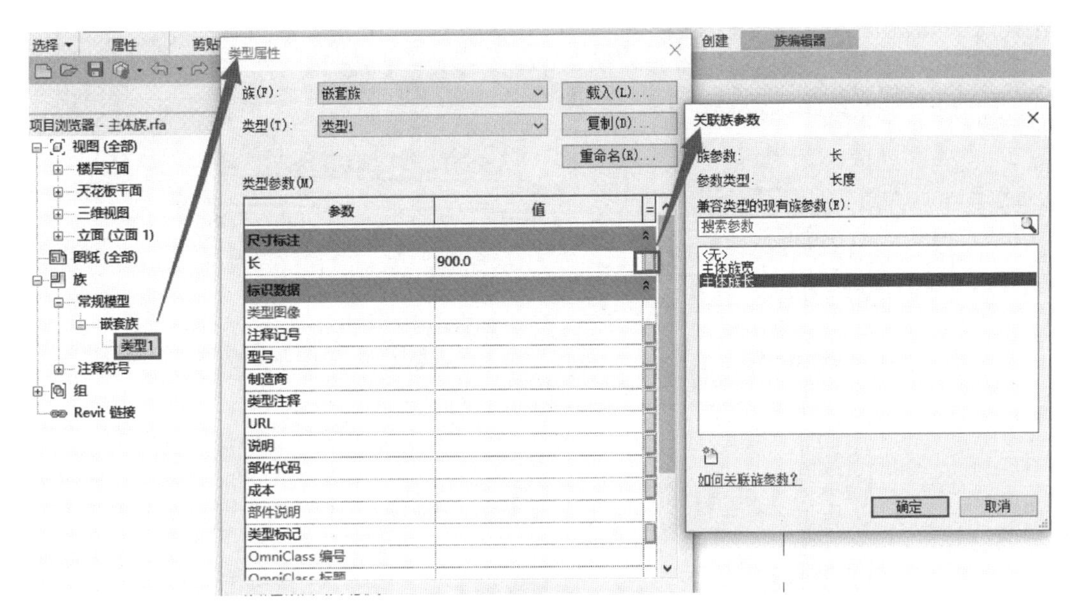

图 4.1–5

（8）单击绘图区域中的长方体，在“属性”对话框中只能看到实例参数“宽”，而看不到类型参数“长”，见图 4.1–6。单击参数“宽”最右边的“关联族参数”按钮，打开“关联族参数”对话框，选择“主体族宽”参数。这样就可以用“主体族.rfa”中的“主体族宽”参数去驱动“嵌套族 1.rfa”中的“宽”参数了。

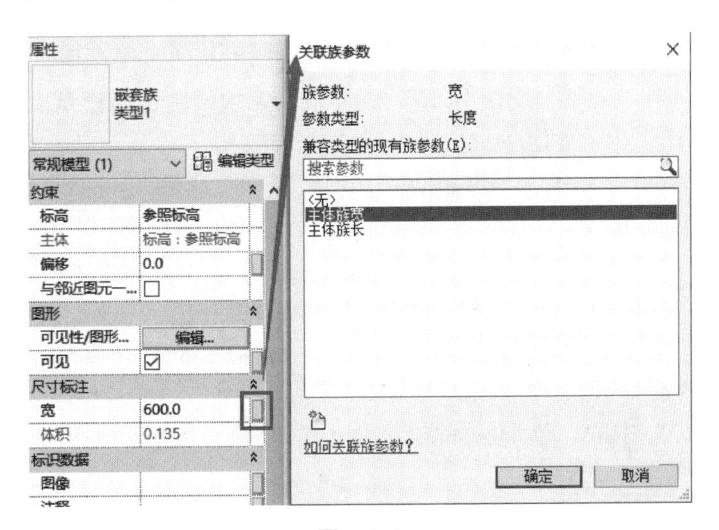

图 4.1–6

要实现一个主体族的不同族类型能够显示不同嵌套族，可在主体族的“族类型”对话框中添加“<族类型…>”参数，见图 4. 1-7。

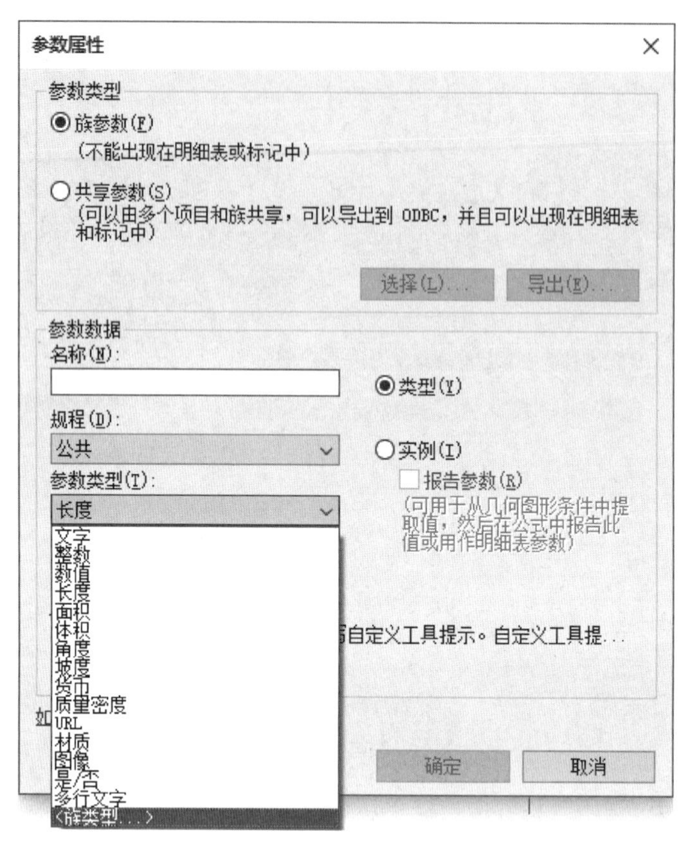

图 4.1-7

【技巧】下面以一个实例来说明这个参数的作用。

（1）用“公制常规模型. rft”族样板，绘制一矩形拉伸，保存为“矩形. rfa”。

（2）再用“公制常规模型. rft”族样板，绘制一圆形拉伸，保存为“圆形. rfa”。

（3）再打开一个“公制常规模型. rft”族样板，无须绘制任何模型。保存为“主体族. rfa”。将“矩形. rfa”和“圆形. rfa”载入到“主体族. rfa”中。

（4）在“主体族. rfa”中，单击功能区“创建”—“属性”—“族类型”，打开“族类型”对话框。单击对话框中右侧的“添加”，见图 4. 1-8，添加一个参数“族形状参数”。

（5）新建两个类型“类型 1”和“类型 2”，见图 4. 1-9。

其中，“类型 1”中的“族形状参数”选择“矩形”，表示“类型 1”和“矩形. rfa”嵌套族关联，见图 4. 1-10。

同理，“类型 2”中的“族形状参数”选择“圆形”，表示“类型 2”和“圆形. rfa”嵌套族关联。

（6）在“主体族. rfa”中，将项目浏览器中的“圆形”嵌套族拖进绘图区域，然后任意单击鼠标，见图 4. 1-11。

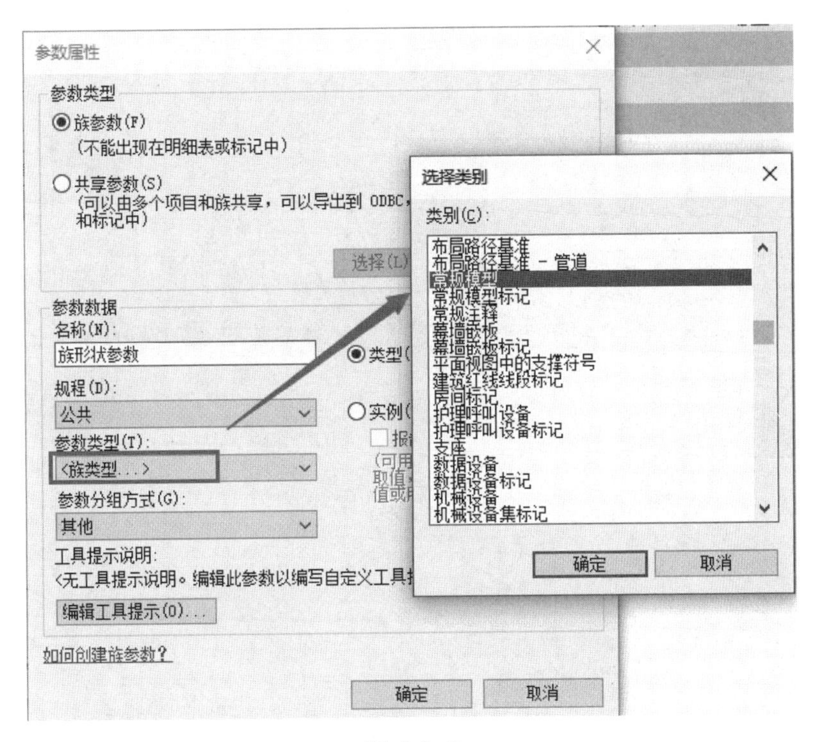
参数属性
参数类型
族参数(F)
(不能出现在明细表或标记中)
共享参数(S)
(可以由多个项目和族共享，可以导出到 ODBC，
和标记中)
选择(L)
参数数据
名称(N):
族形状参数
类型(
规程(D):
公共
实例(
参数类型(T):
<族类型...>
参数分组方式(G):
其他
工具提示说明:
<无工具提示说明。编辑此参数以编写自定义工具提
编辑工具提示(O)...
如何创建族参数?
确定
取消
选择类别
类别(C):
布局路径基准
布局路径基准 - 管道
常规模型
常规模型标记
常规注释
幕墙嵌板
幕墙嵌板标记
平面视图中的支撑符号
建筑红线线段标记
房间标记
护理呼叫设备
护理呼叫设备标记
支座
数据设备
数据设备标记
机械设备
机械设备集标记
确定
取消

图 4.1-8

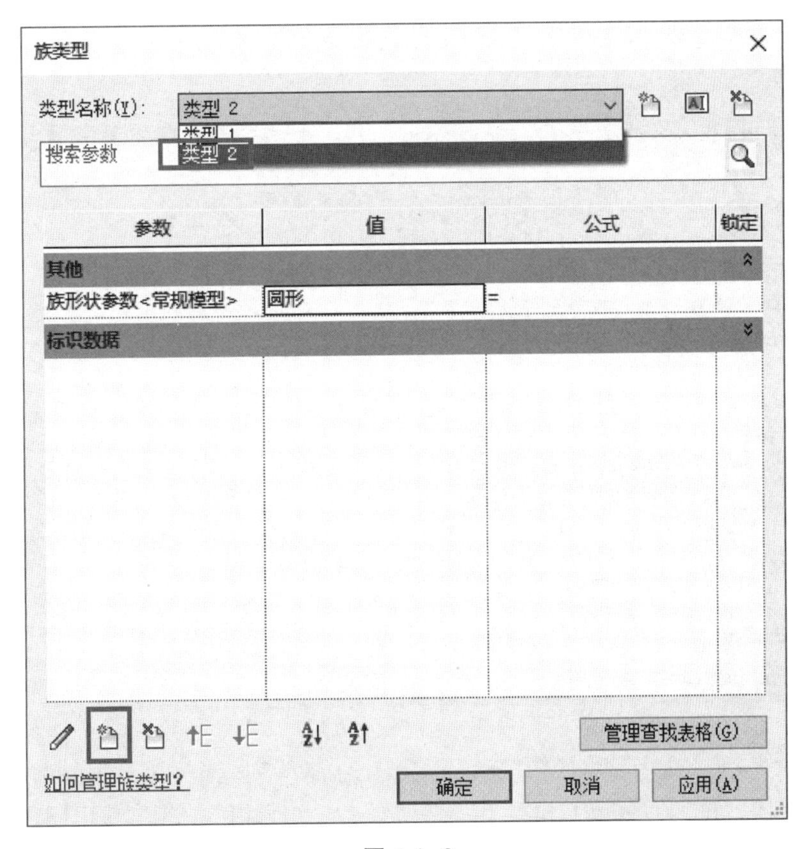
族类型
类型名称(Y):
类型 2
类型 1
类型 2
搜索参数
参数
值
公式
锁定
其他
族形状参数<常规模型>
圆形
=
标识数据
管理查找表格(G)
如何管理族类型?
确定
取消
应用(A)

图 4.1-9

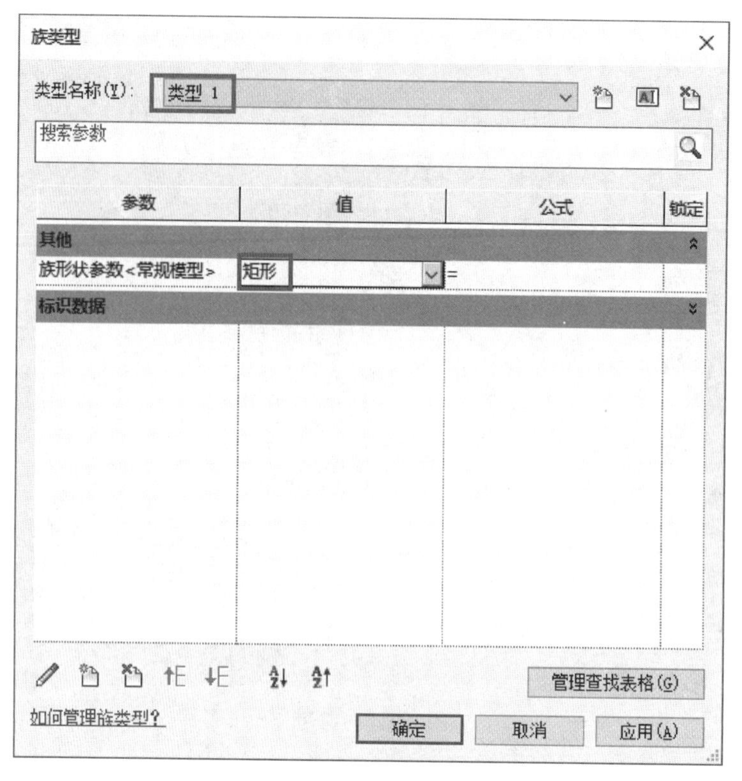

图 4.1-10

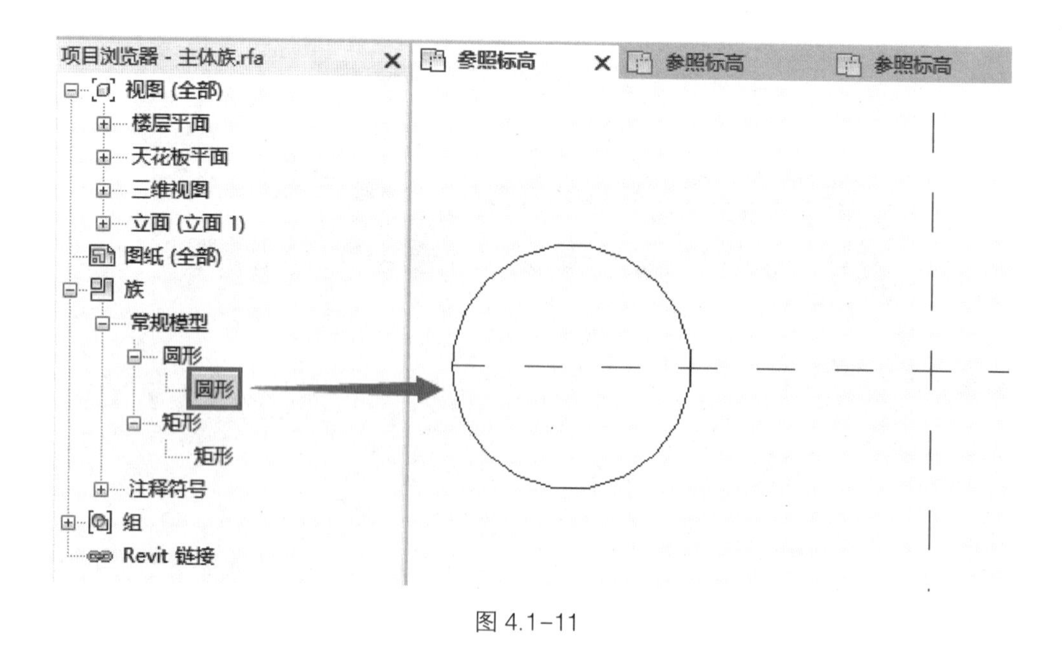

图 4.1-11

(7) 用“阵列”命令，将绘图区域“圆形”水平阵列三个，见图 4.1-12。单击阵列中任意一个实体，单击“修改 | 模型组”选项栏上“编辑组”按钮，见图 4.1-13。

(8) 进入“编辑组”界面以后，单击上一步中被单击的圆形实体，在选项栏的“标

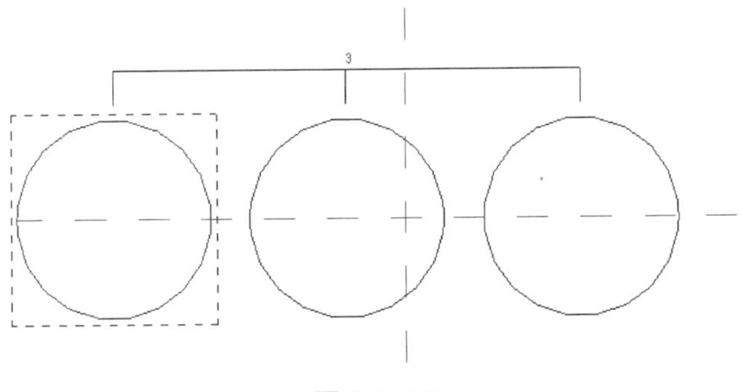

图 4.1-12

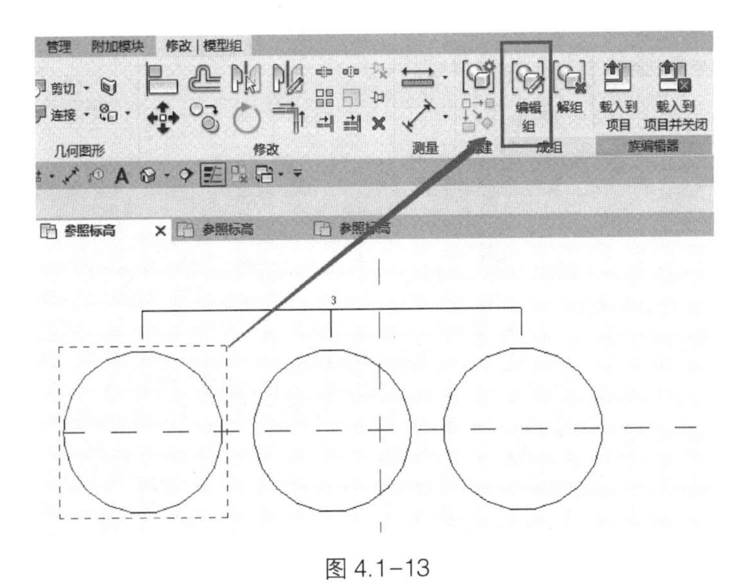

图 4.1-13

签”的下拉列表中，选择“族形状参数=圆形”，单击“完成”。将这个嵌套族和“族形状参数”这个“<族类型…>”参数进行关联，见图 4. 1-14。

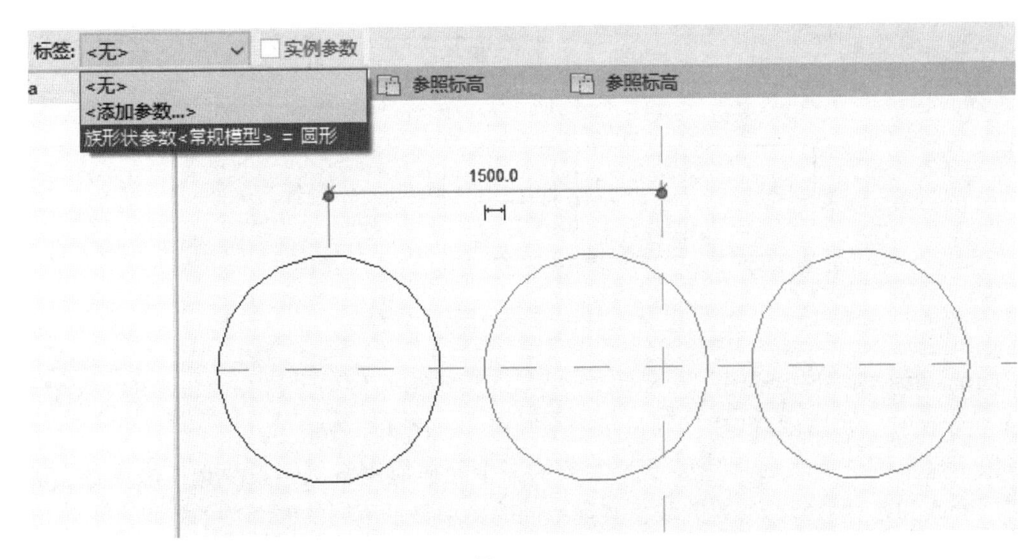

图 4.1-14

（9）单击功能区“创建”—“属性”—“族类型”按钮，打开“族类型”对话框。选择“类型 1”，单击“确定”，则显示三个矩形，见图 4.1-15。

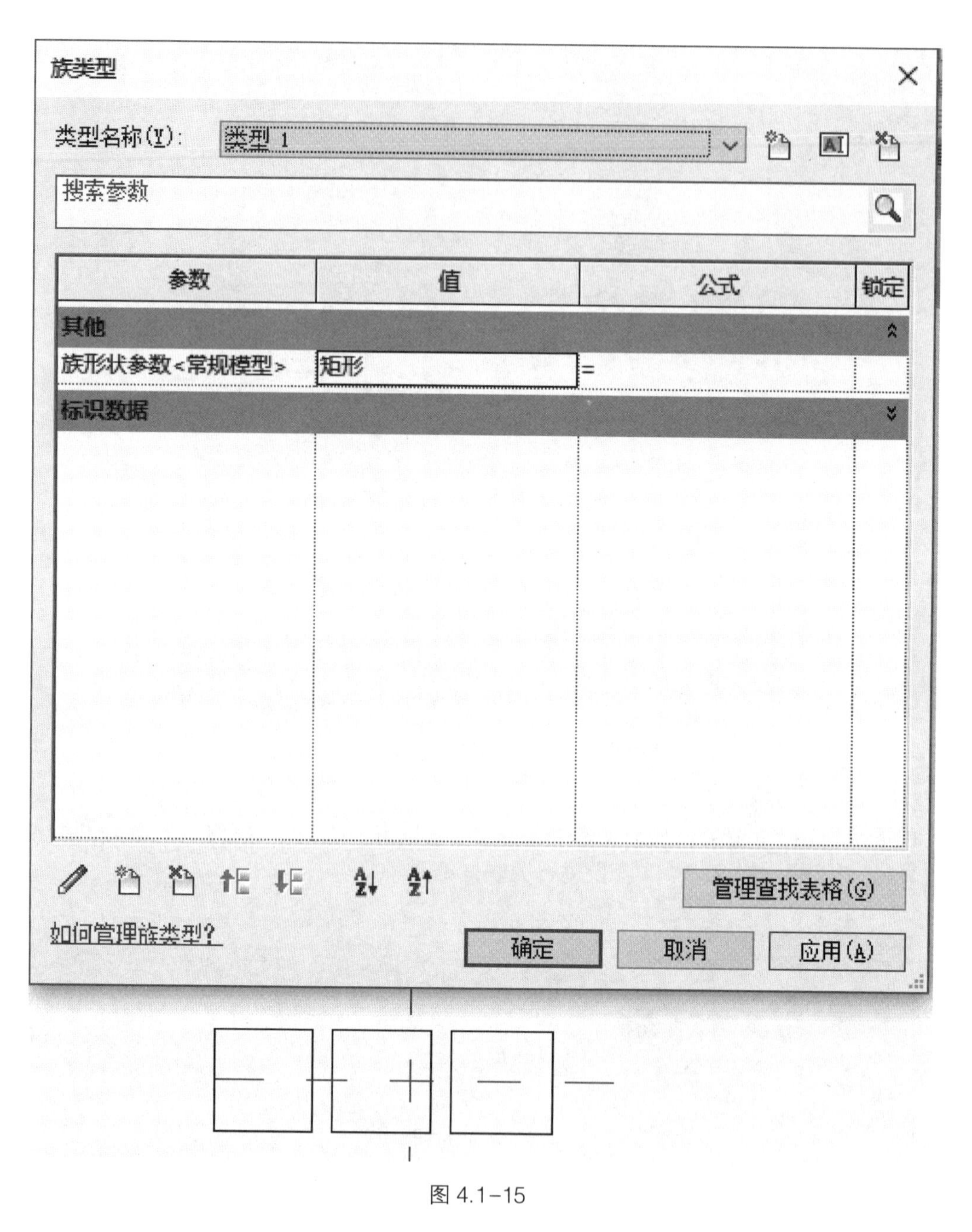

图 4.1-15

（10）单击功能区“创建”—“属性”—“族类型”按钮，打开“族类型”对话框。选择“类型 2”，单击“确定”，则显示三个圆形，见图 4.1-16。

以上这个例子是“<族类型…>”参数的一个经典应用案例，只要选择嵌套族，就可以将嵌套族和这种类型的参数关联，实现不同的类型显示不同的嵌套族的效果。

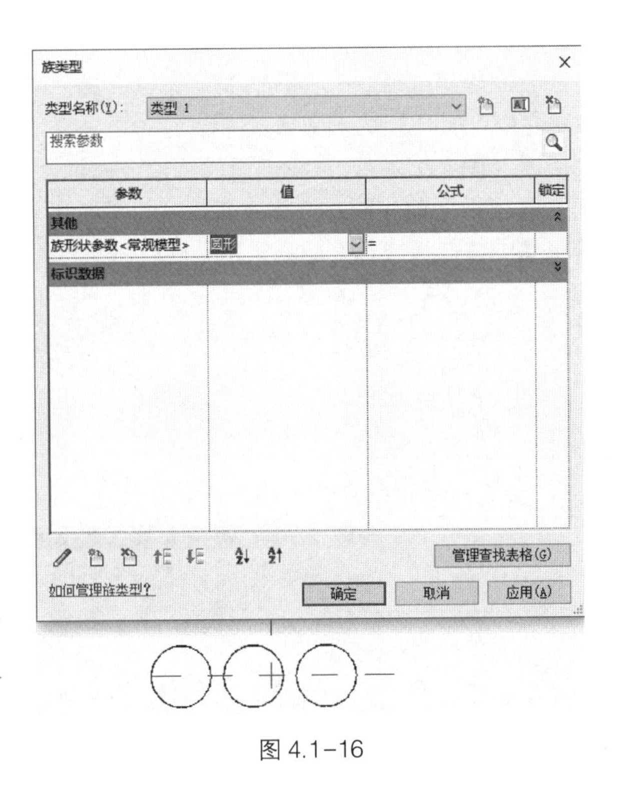

图 4.1-16

4.2　结构轮廓标记族

4.2.1　轮廓族

这类族用于项目设计中的主体放样功能中的楼板边、墙饰条、屋顶檐槽等。软件自带的族库中五大类族库，专项轮廓，只能使用于所属构件，不能通用，常规轮廓是适合所有类型的通用轮廓（图 4.2.1-1）。

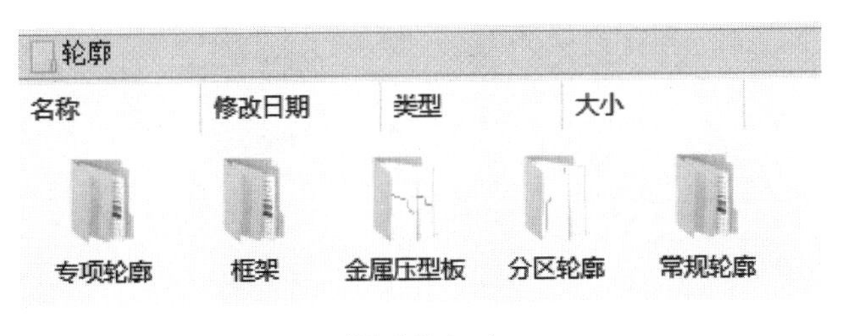

图 4.2.1-1

轮廓族用于绘制轮廓截面，所绘制的是二维封闭图形，在放样、放样融合等建模时作为轮廓载入使用。用轮廓族辅助建模，可以使建模更加简单，我们可以通过替换轮廓族随时改变实体的形状。

以通用的“公制轮廓”为例，是没有文字注释提示的，专项轮廓才有，不同的轮廓族样板中会通过文字注释提示参照平面的信息，以帮助确定插入点的位置和几何模型的创建位置。视频中以楼板边的轮廓制作集水坑为例。

新建族样板文件为“公制轮廓. rft”。首先我们要确定好位置，绘制好如下形状，新建一个项目，将建好的集水轮廓“族 1”载入到项目中。

在项目中绘制一块楼板（图 4. 2. 1–2），我们通过给楼板添加“楼板边”的方式（图 4. 2. 1–3），制作集水坑。在拾取之前我们需要先复制出一个新的类型，命名为“集水坑”（图 4. 2. 1–4），在构造轮廓中该选择制作好的集水坑轮廓“族 1”（图 4. 2. 1–5）。

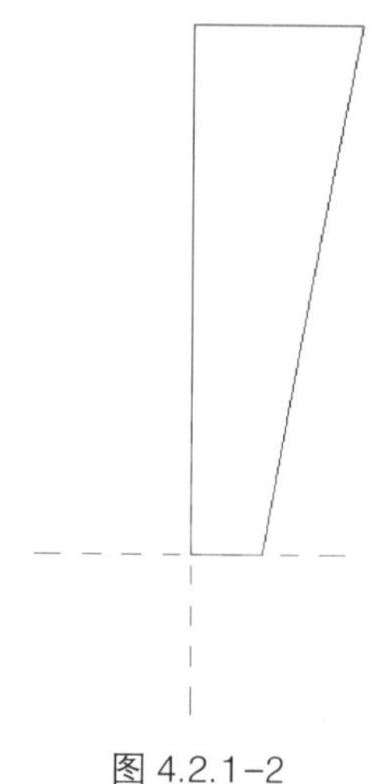

图 4.2.1–2

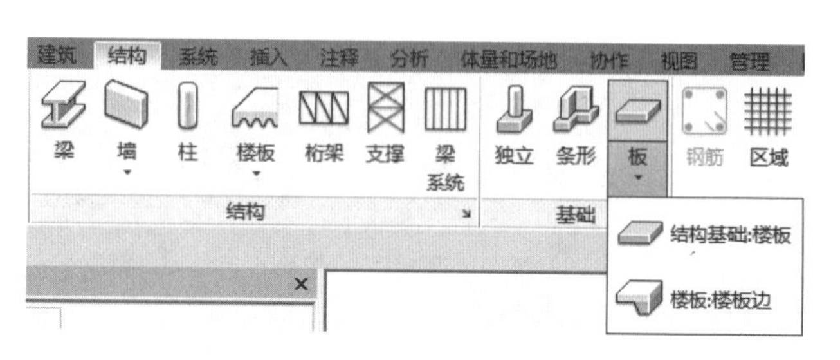

图 4.2.1–3

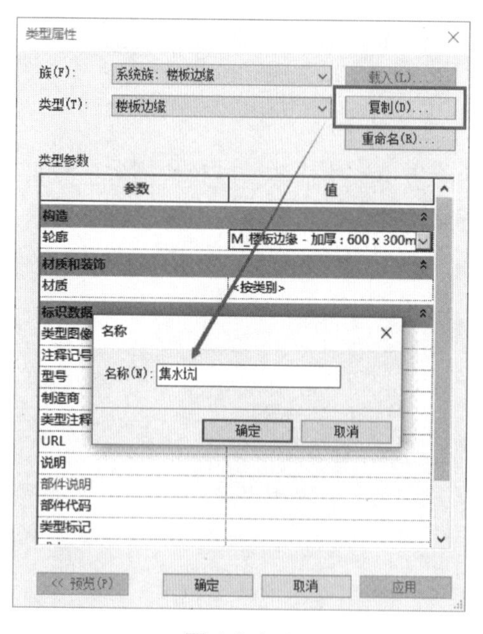

图 4.2.1–4

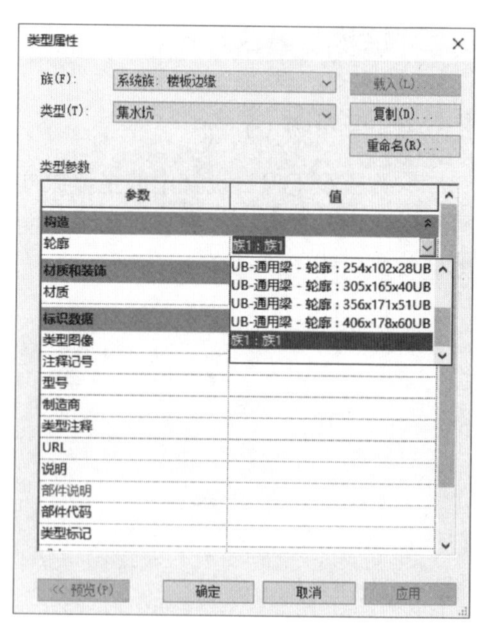

图 4.2.1–5

通过拾取楼板的边缘点，形成一个闭合的集水坑，效果如图 4. 2. 1–6 所示。绘制的效果不是我们想要的，我们需再次更改轮廓的位置，如图 4. 2. 1–7 所示，再次载入项目中，“覆盖现有版本及其参数值”，得到图 4. 2. 1–8 所示效果。

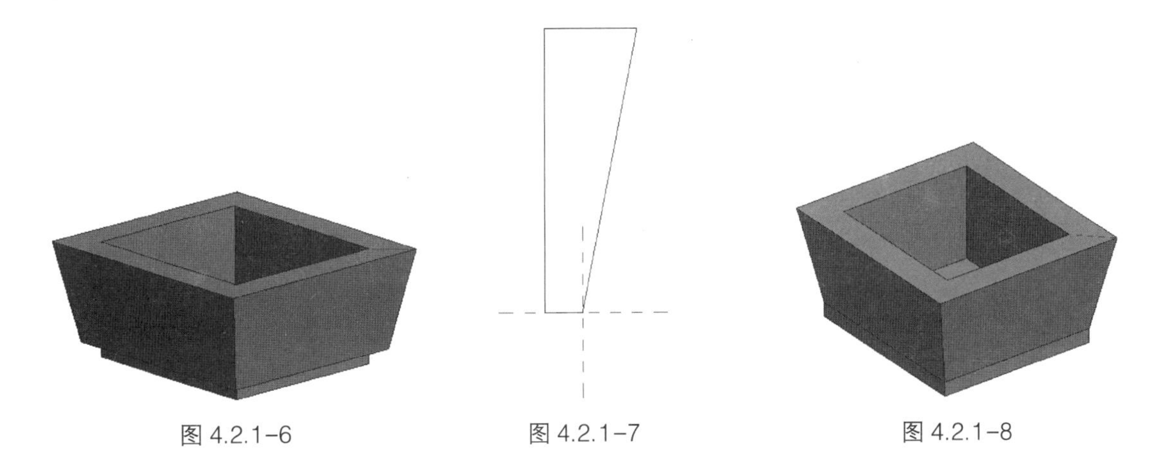

图 4.2.1-6　　图 4.2.1-7　　图 4.2.1-8

4.2.2　标记族

在 Revit 族库中，注释族可分为“标记”和“符号”两大类。区别在于“标记”可以标识图元的属性；而“符号”与被标识图元的属性无关。

标记是用于在图纸中识别图元的注释。

族库中的每个类别都有一个标记。一些标记会随默认的 Revit 样板自动载入，而另一些则需要手动载入。如果需要，可以在族编辑器中创建自己的标记，方法是创建注释符号族。另外，可以为族载入多个标记。

“注释”选项卡➤“标记”面板➤（按类别标记）。

“注释”选项卡➤“标记”面板➤（全部标记）。

创建标记后，会添加标签以显示所需图元参数的值。将标记载入并放置在项目中后，这些标签将显示对象相应参数的值（图 4.2.2-1）。

标记所有未标记的对象

至少选择一个类别和标记或符号族以标注未注释的对象:

◉ 当前视图中的所有对象(V)
○ 仅当前视图中的所选对象(S)
☐ 包括链接文件中的图元(L)

类别	载入的标记
☐ 剪力钉标记	剪切钉标记 : 标准
☐ 孔标记	孔标记 : 标准
☐ 板标记	板标记 : 标准
☐ 焊接标记	焊接标记 : 标准
☐ 结构区域钢筋标记	M_区域钢筋标记
☐ 结构区域钢筋符号	M_区域钢筋符号
☐ 结构基础标记	M_结构基础标记
☐ 结构柱标记	M_结构柱标记 - 45 : 结构柱标记

☐ 引线(D)　引线长度(E): 12.7 mm
标记方向(R): 水平

确定(O)　取消(C)　应用(A)　帮助(H)

图 4.2.2-1

◆ 编辑已放置标记的标签

标记在族编辑器中进行编辑。选择该标记，然后单击“修改 | <图元> 标记”选项卡➤“模式”面板➤（编辑族）以打开族编辑器（图 4. 2. 2-2），用以编辑该标记的族中的标签（图 4. 2. 2-3）。

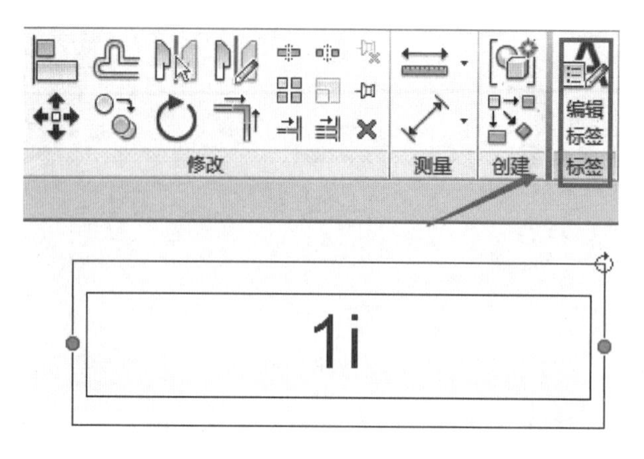

图 4.2.2-2

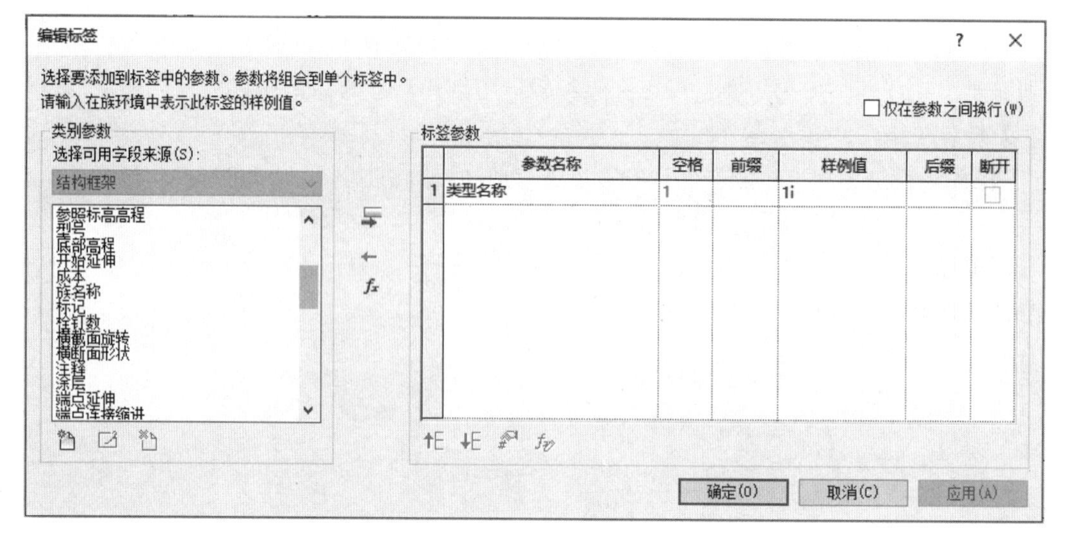

图 4.2.2-3

新建一个标记族，打开应用程序菜单，“新建—注释符号—公制常规标记”，样板中自带一个文字注释，注释标签是添加到标记或标题栏上的文字占位符。如图 4. 2. 2-4，这个我们可以删掉。

（1）在“族编辑器”中，单击“创建”选项卡➤“文字”面板➤（标签）（图 4. 2. 2-5）。

（2）在需要放置的位置点击鼠标左键，在弹出的类型选择器中选择标签类型。

（3）在绘图区域中单击以定位标记。此时将弹出“编辑标签”对话框。

（4）编辑标签参数，对于没有的参数，我们可以点击新建参数，选择之前建好的（图 4. 2. 2-6）。

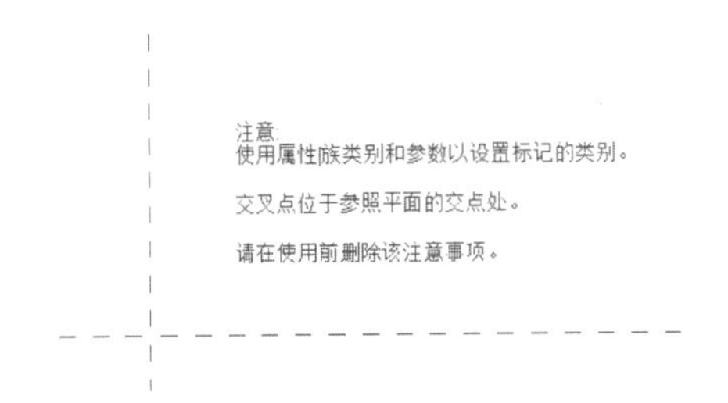

图 4.2.2-4

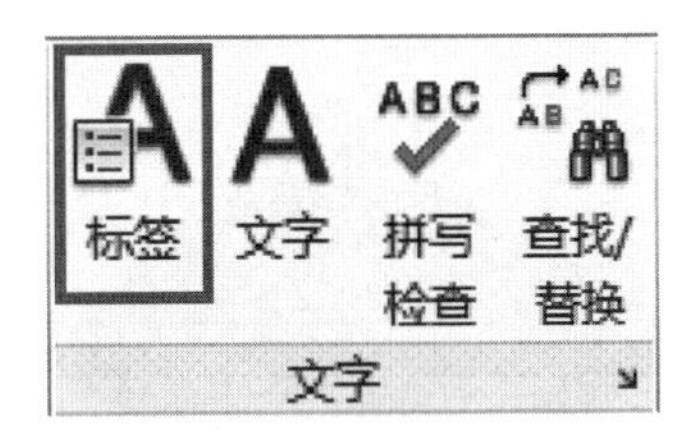

图 4.2.2-5

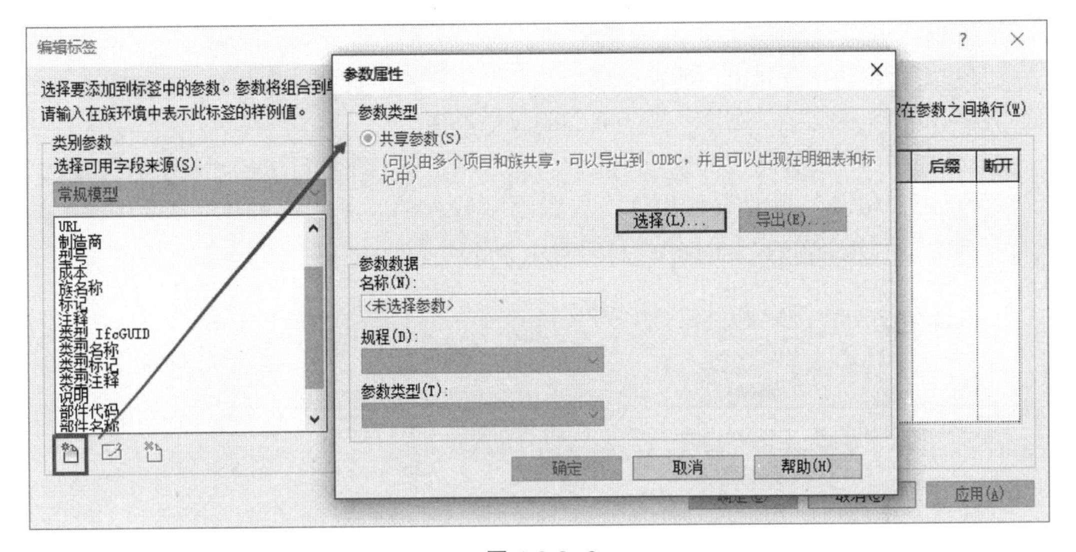

图 4.2.2-6

（5）还可以为标签添加“引线”，“创建—直线”（图 4.2.2-7）。

【提示】标签和文字的区别在于“文字”是不可修改的，可以输入文字信息，但是不可以被提取，而标签是可以的。

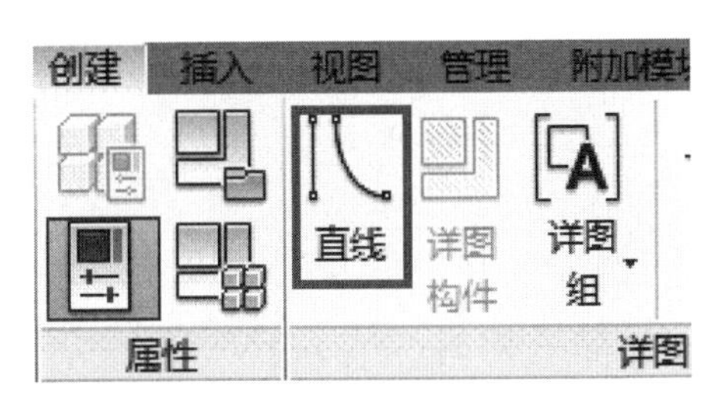

图 4.2.2-7

4.3　结构基于面的族

基于面的样板用于创建基于平面的族，这类族必须依附于某一工作平面或实体表面（不考虑它自身的方向），不能独立的放置到项目的绘图区域。

基于面的样板也可以说是一种基于主体的样板，它的“主体”就是“面”。这个面既可以是屋顶、楼板、墙、天花板等系统族的表面，也可以是桌子、台面等构件族的表面。相对来说，该样板会比基于主体的样板更灵活。如果是基于系统族的表面，则改族可以修改他们的主体，并可以在主体中进行复杂的剪切。

新建一个“基于面的公制常规模型”打开界面，“基于面的公制常规模型”不同于“公制常规模型”，它的样板中自带一个常规模型，如图 4.3-1、图 4.3-2 所示。

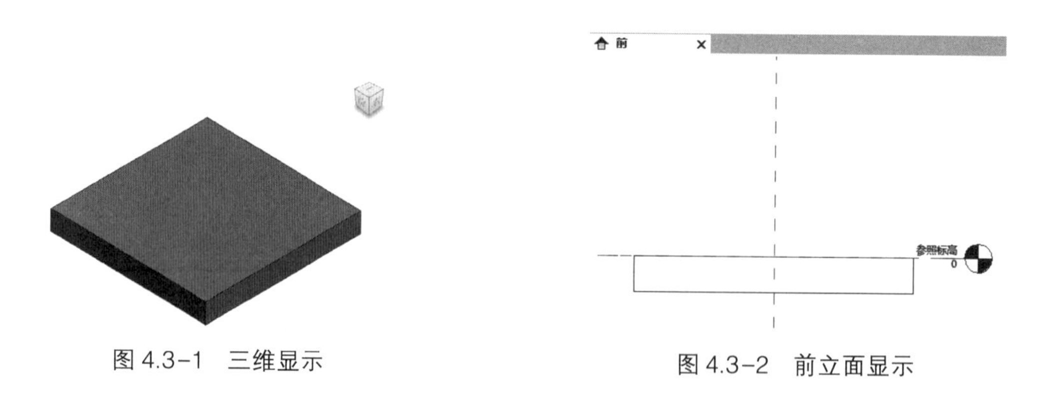

图 4.3-1　三维显示　　　　图 4.3-2　前立面显示

通过视图关系，可以知道，所建的模型都是基于样板中自带的常规模型的表面，它的表面与我们的参照标高统一高度，即为我们的工作平面。

回到楼层平面参照标高，创建一个拉伸，载入项目中，在项目中创建一个有厚度的楼板，然后点击“构件”里的放置构件，放置刚刚载入的“基于面的族”会给两种选项“放置在面上”、“放置在工作平面上”，如图 4. 3-3 所示。

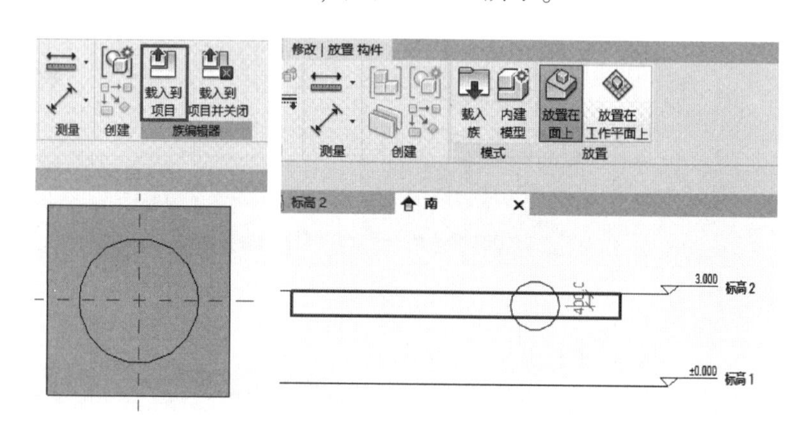

图 4.3-3

将基于工作平面或基于面的图元移动到其他主体。

（1）在绘图区域中，选择基于工作平面或基于面的图元或构件。

（2）单击“修改 | <族类别>”选项卡➤“工作平面”面板➤（拾取新工作平面）。

（3）在“放置”面板上，选择下列选项之一：

① 垂直面（放置在垂直面上），仅用于某些构件，仅允许放置在垂直面上（图 4. 3-4）；

② 面（放置在面上），允许在面上（或是工作平面）放置，且与方向无关（图 4. 3-5）；

③ 工作平面（放置在工作平面上），需要在视图中定义活动工作平面，可以在工作平面上的任何位置放置构件（图 4. 3-6）。

在绘图区域中，移动光标直到高亮显示所需的新主体（面或工作平面），且构件的预览图像位于所需的位置，然后单击以完成移动。

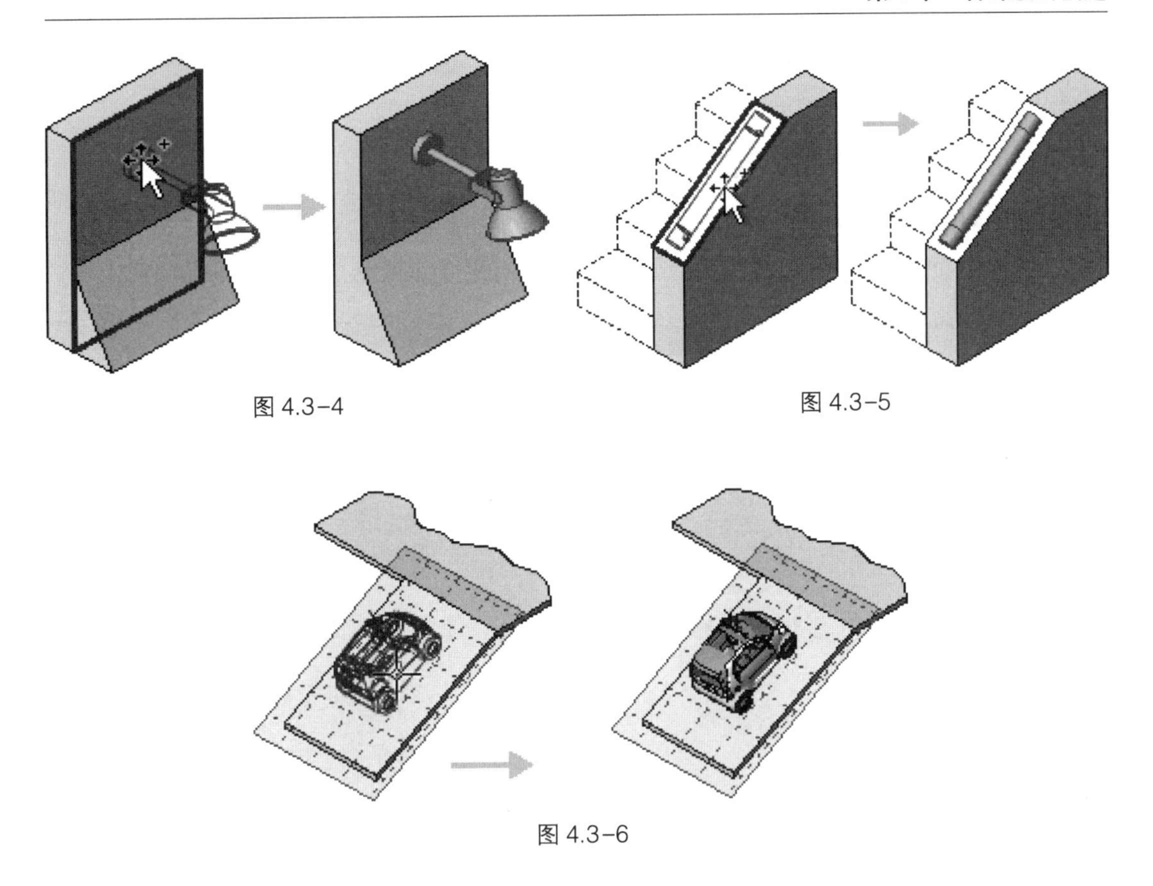

图 4.3-4

图 4.3-5

图 4.3-6

4.4　结构钢筋族

在 Revit 自带的系统中，提供给我们 53 种钢筋形状，每一种形状都是一个单独的钢筋族，我们选择任意一个钢筋形状 03 为例，进入“编辑族”界面，可以看到一个钢筋形状的定义，如图 4. 4-1 所示。

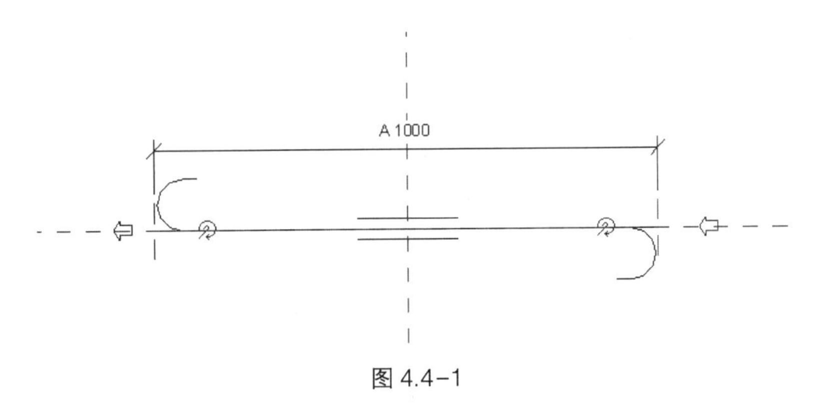

图 4.4-1

通过绘制钢筋的方式绘制的任意一个自由的钢筋形状也会形成一个单独的族，如果所绘制形状与原有形状相同，还会捕捉到原有的形状里去，不会创建一个新的族，系统中没有的形状会单独形成一个新的钢筋形状族“钢筋形状：钢筋形状 1”。

创建钢筋族不一定要单独打开钢筋族样板去创建，也可以通过在项目样板里“绘制钢筋的方式”去完成。

4.4.1 通过样板创建钢筋形状

Revit 提供了一个样板用于创建钢筋形状族，“钢筋形状样板-CHN”。

打开样板之后，你会发现它只有三维视图而没有平立面视图，如图 4.4.1-1 所示。

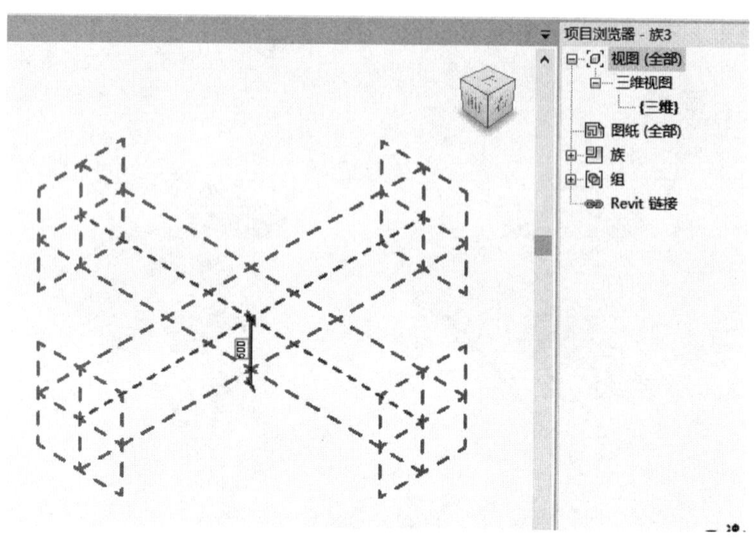

图 4.4.1-1

它的样板是由两条参照线组成的，跟其他族的创建方式不太一样，鉴于样板的特殊性，创建方式是很自由的。

默认状态下“族编辑器”面板下的“多平面”命令是打开的（图 4.4.1-2），这时无法在任意正视图绘制钢筋，鼠标会呈现“禁止”符号，并出现图 4.4.1-3 的提示。取消“多

图 4.4.1-2

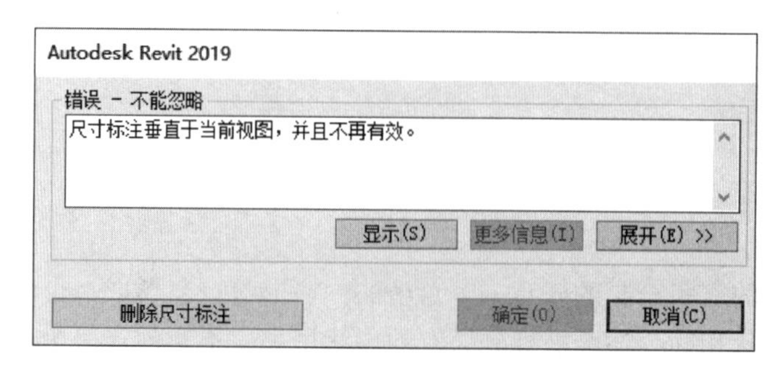

图 4.4.1-3

平面”命令才可以在任意一面的正视图绘制（图 4. 4. 1–4），如需“多平面”可绘制完成之后勾选（图 4. 4. 1–5）。

图 4.4.1–4　平面效果　　　　图 4.4.1–5　多平面效果

【提示】钢筋形状的起点和终点会出现蓝色箭头，表示钢筋的形状方向，可通过单击任一端的箭头，反转钢筋方向。钢筋形状的“优弓形”，标识钢筋形状在旋转和自动扩展行为中保持常规位置的一段，可通过单击功能区按钮“优弓形”改变其所在的位置。

（1）钢筋形状参数说明

该样板中默认预设了多个共享参数，见图 4. 4. 1–6。在创建钢筋形状时，仅需从已有的参数中选择即可，无须添加新的参数。这里需要注意，与普通族参数不同，在钢筋形状族文件中，“钢筋形状参数”中的尺寸参数不驱动钢筋中的形状尺寸。

继续上面的例子来说明参数的应用：绘制完钢筋形状后，为钢筋形状各段标注参数，见图 4. 4. 1–7。在添加完参数之后仍不能载入，点击“形状状态”会弹出图 4. 4. 1–8 的警告框，提示需要将图 4. 4. 1–6 中的参数值设为与图 4. 4. 1–7 所示的参数值相同，这样就可以载入项目中了。

钢筋形状参数

搜索参数

参数	值	公式
终点弯钩长度(默认)	115.0	=
弯曲直径(默认)	100.0	=
钢筋直径(默认)	10.0	=
尺寸标注		
V(默认)	0.00°	=
U(默认)	0.00°	=
R(默认)	0.0	=
Q(默认)	0.0	=
P(默认)	0.0	=
O(默认)	0.0	=
N(默认)	0.0	=
M(默认)	0.0	=
L(默认)	0.0	=
K(默认)	0.0	=
J(默认)	0.0	=
H(默认)	0.0	=
G(默认)	0.0	=

如何管理族类型　　确定　取消　应用(A)

图 4.4.1–6

【提示】标注参数时，不与参照线和参照平面产生关系。

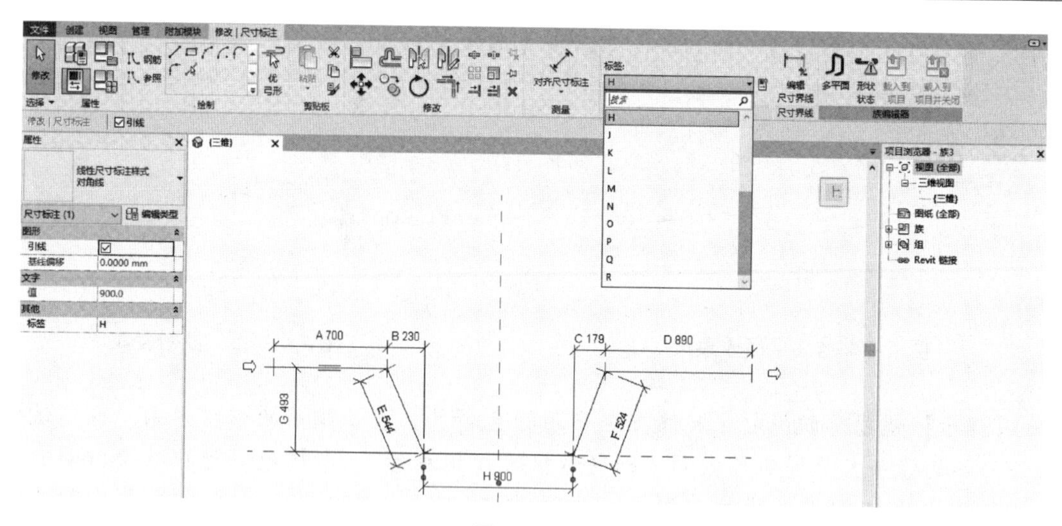

图 4.4.1–7

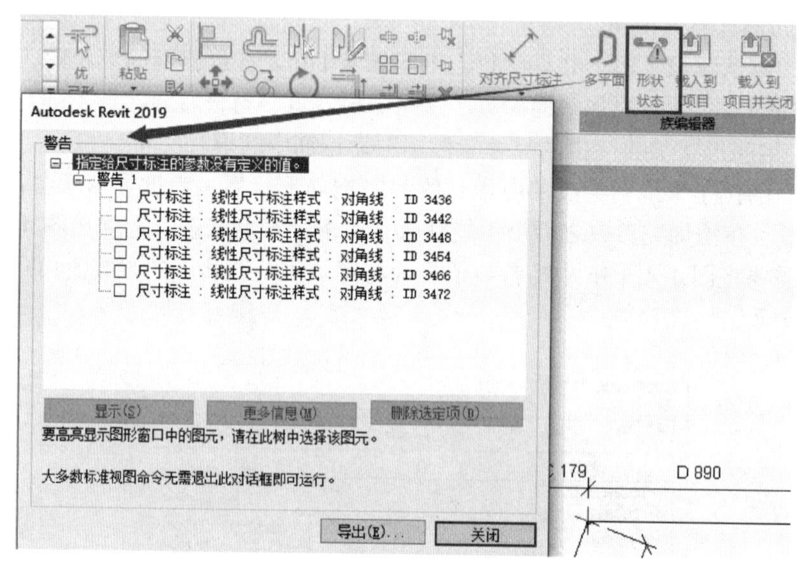

图 4.4.1–8

（2）检查钢筋形状状态

如果钢筋的“形状状态”按钮处于高亮状态，则表示钢筋形状不可用，如果钢筋的“形状状态”按钮处于灰色状态，则表示钢筋形状可用。

4.4.2 钢筋接头

使用钢筋接头连接钢筋实例或为其添加管帽，如图 4.4.2 所示。

（1）单击“结构”选项卡▶“钢筋”面板▶（钢筋接头）。

（2）接头的两种放置方式：

（放置在钢筋末端）、（放置在两钢筋之间）。

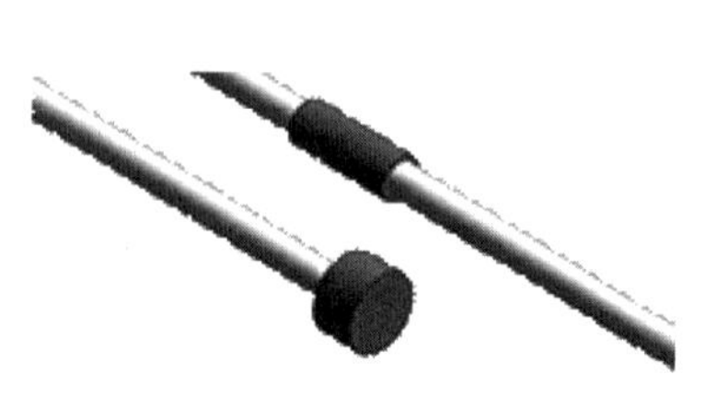

图 4.4.2

【注意】在“属性”选项板顶部的“类型”选择器中，选择所需的钢筋接头类型。接头尺寸必须与钢筋尺寸匹配才能进行连接。

4.4.3　创建钢筋接头族

可以直接通过已放置好的钢筋接头，直接进入族编辑界面，也可以打开 Revit 所提供的“钢筋接头样板-CHN”。

根据系统自带的接头族，如图 4.4.3-1 所示。

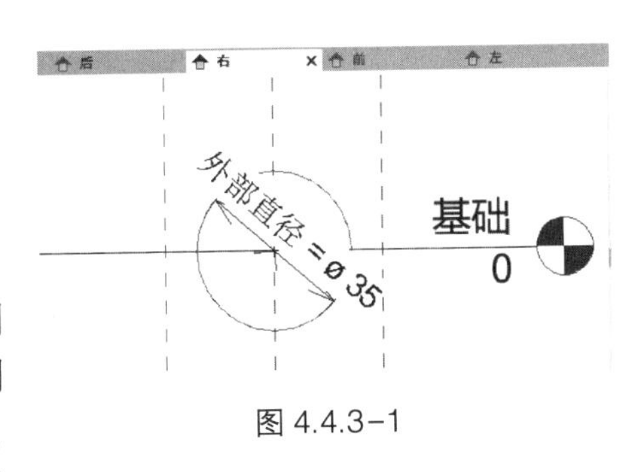

图 4.4.3-1

需要到右立面去做一个圆形的拉伸，点击创建会提示选取工作平面，所以转到标高一，去创建拉伸，然后点击“设置”➤“拾取一个平面”，如图 4.4.3-2 所示，在弹出的对话框中，选择“立面-右”进行绘制。

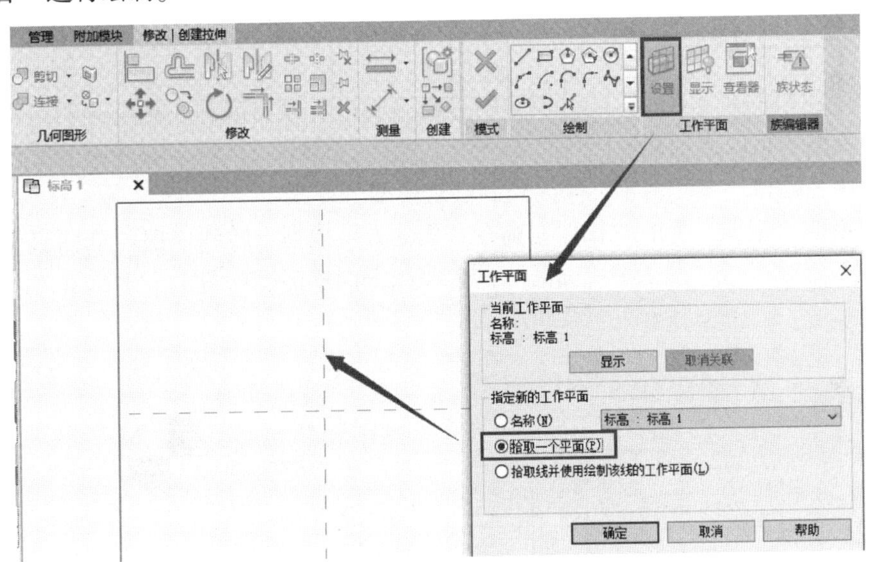

图 4.4.3-2

在绘制好接头形状之后，会发现它跟钢筋一样，形状状态为叹号，可以载入但是会有问题，看一下“族状态”的警告，如图 4.4.3-3 所示。

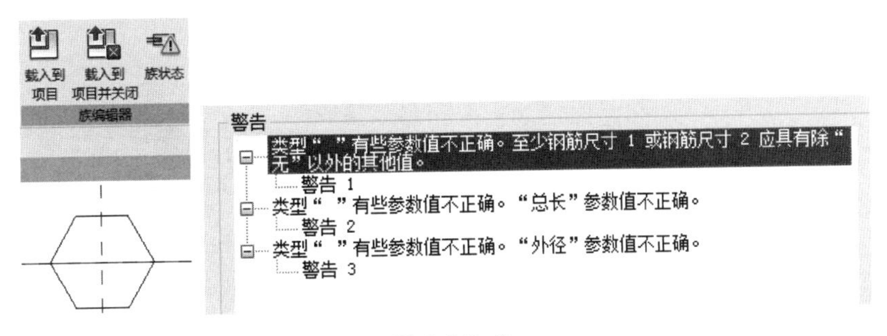

图 4.4.3-3

这需要去设置它的族类型参数，选择钢筋尺寸，设置好参数即可载入替换（图 4.4.3-4）。

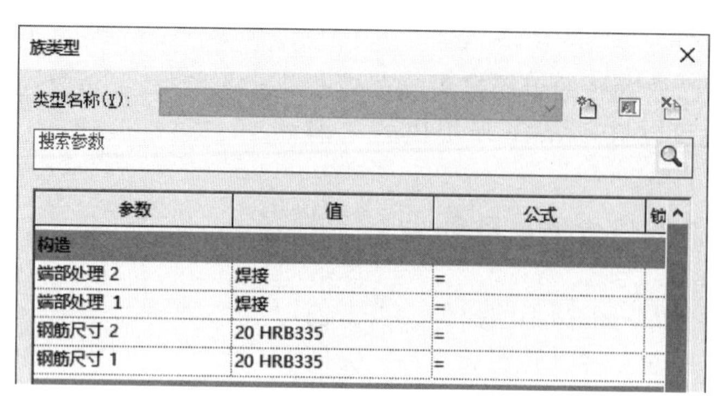

图 4.4.3-4

4.5 结构基于标高的族

如同“柱”的命令一样，绘制模型的过程中要设置顶高度和底高度，中间轮廓不变，这样一类模型，可以通过基于标高的族创建。

新建族，选择“基于两个标高的公制常规模型”样板。

在“创建”选项卡下的“拉伸”命令，创建方形模型。转到“前”立面，拉伸模型，与“高于参照标高”、“低于参照标高”两个参照平面锁定，如图 4.5-1 所示。

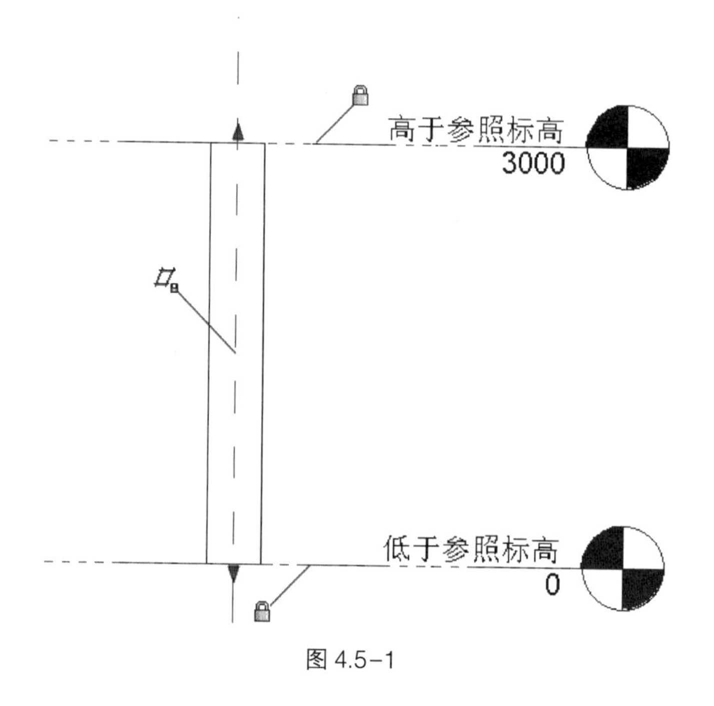

图 4.5-1

载入到项目中，“属性浏览器”更改高度设置，模型便自动更改，如图 4.5-2 所示。

图 4.5-2

4.6　结构基于线的族

如同“梁”的命令一样，绘制模型的过程中要设置起点位置和终点位置，如图 4. 6-1 所示，中间轮廓不变，这样一类模型，可以通过基于线的族创建。

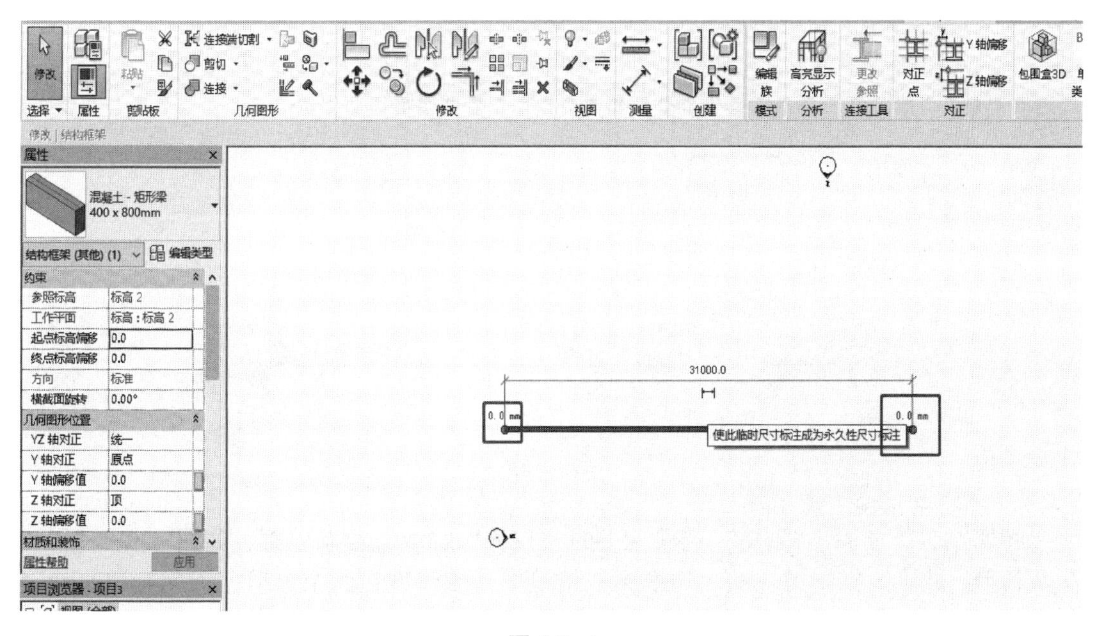

图 4.6-1

新建族，选择“基于线的公制常规模型”样板。

“参照标高”视图，已设置三个参照平面，添加“长度”参数，如图 4. 6-2 所示。

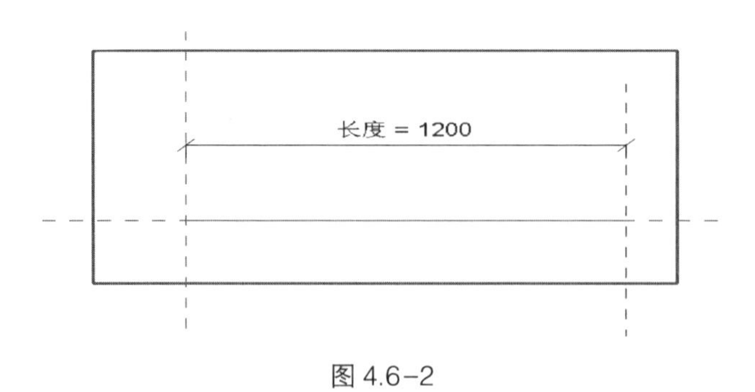

图 4.6-2

转到“右”立面，“创建”选项卡下的“拉伸”命令，创建“桥面”轮廓，如图 4.6-3 所示，点击生成。

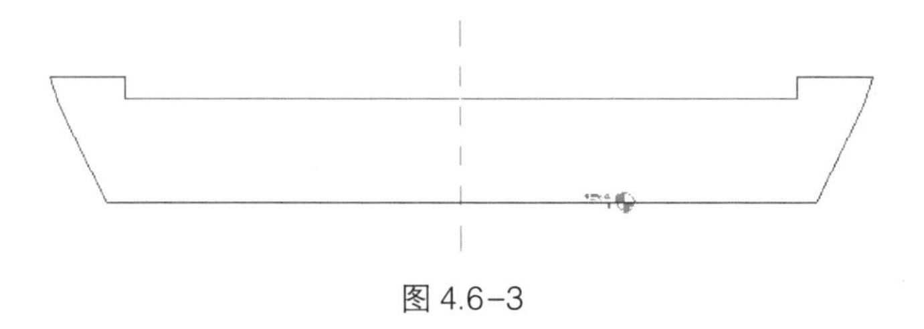

图 4.6-3

回“前”立面，使模型在两个参照平面间锁定，如图 4.6-4 所示。

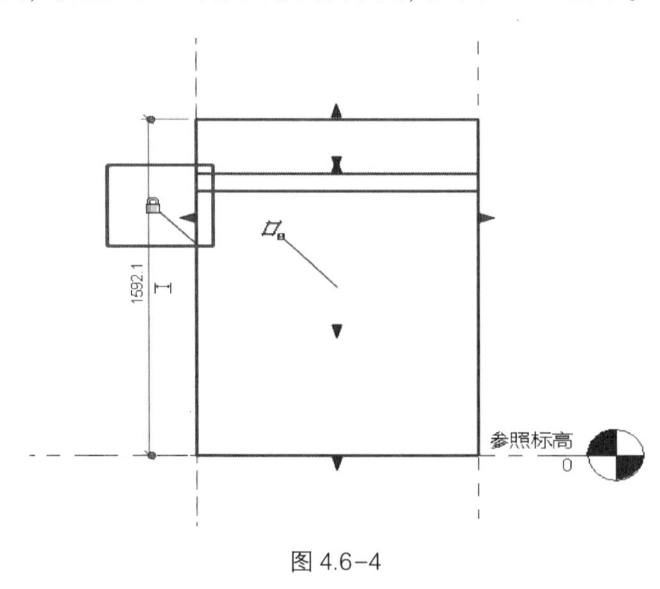

图 4.6-4

转回“右”立面，“创建”选项卡下的“拉伸”命令，绘制轮廓，如图 4.6-5 所示。生成模型。选中，复制另一端。切换到三维视图，使模型在两个参照平面间锁定，如图 4.6-6 所示。

“参照标高”视图，调整视图范围，“创建”选项卡下的“拉伸”命令，创建方形模型，如图 4.6-7 所示。

复制到另一侧，三维中，均锁定，如图 4.6-8 所示。

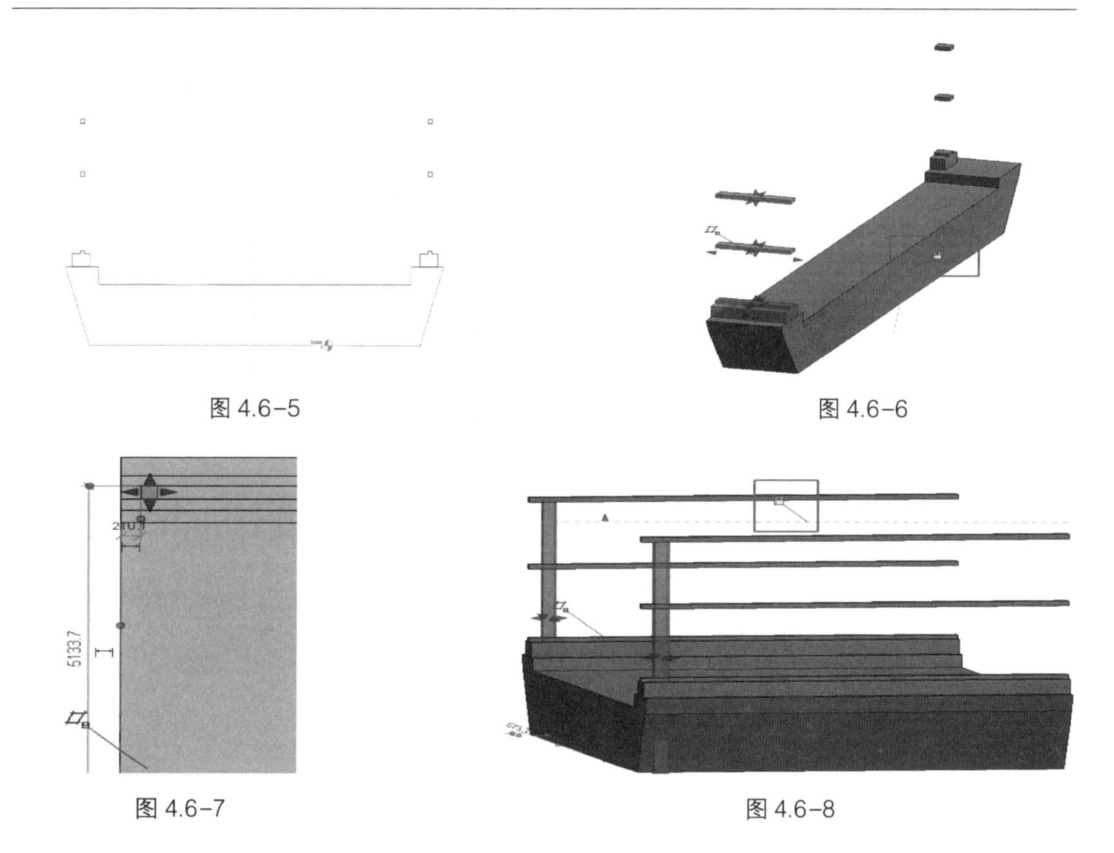

图 4.6-5　　图 4.6-6

图 4.6-7　　图 4.6-8

“参照标高”视图，选中栏杆部分，点击“阵列”命令，选中“阵列”标记，设置参数“阵列个数”，注意为“实例参数”，“族类型”对话框，“公式栏”设置“长度/540”，如图 4. 6-9 所示。生成之后，载入到项目中，如图 4. 6-10 所示。

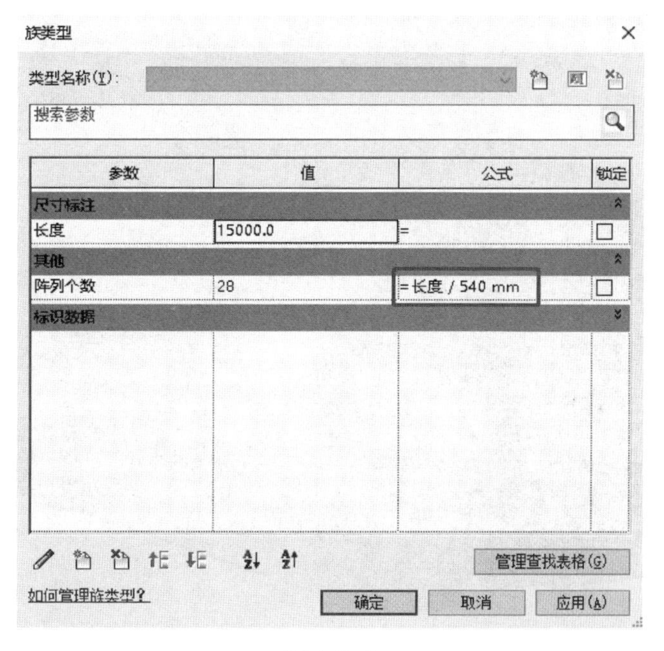

图 4.6-9

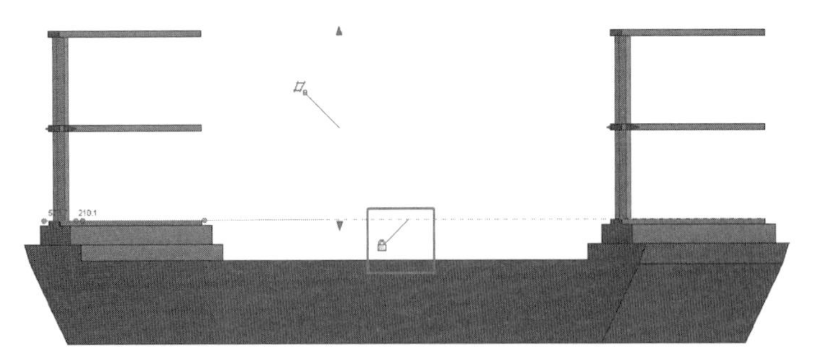

图 4.6-10

更改“桥面”长度，“栏杆”长度自动更改，如图 4.6-11 所示。

图 4.6-11

4.7 结构体量族

体量可以在项目内部（内建体量）或项目外部（可载入体量族）创建。

内建体量用于表示项目独特的体量形状，主要用于异形建筑（图 4.7-1）。

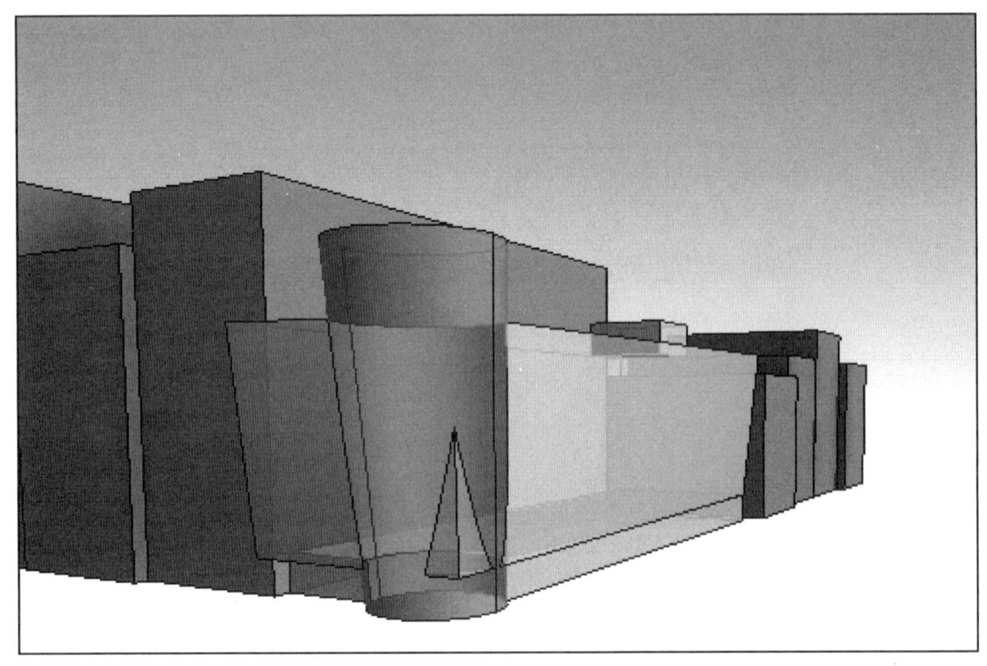

图 4.7-1

在一个项目中放置体量的多个实例或者在多个项目中使用体量族时，通常使用可载入体量族（图 4. 7-2）。

图 4.7-2

4. 7. 1　内建体量

创建特定于当前项目上下文的体量。此体量不能在其他项目中重复使用。

1）单击“体量和场地”选项卡➤“概念体量”面板➤（内建体量）。

2）输入内建体量族的名称，然后单击“确定”。

3）使用“绘制”面板上的工具创建所需的形状。

（1）从体量面创建墙、屋顶

以面墙为例，使用“面墙”工具，通过拾取线或面从体量实例创建墙。此工具将墙放置在体量实例或常规模型的非水平面上（图 4. 7. 1-1）。

如果修改体量面，使用“面墙”工具创建的墙不会自动更新。要更新墙，需使用“更新到面”工具。面屋顶也同样。

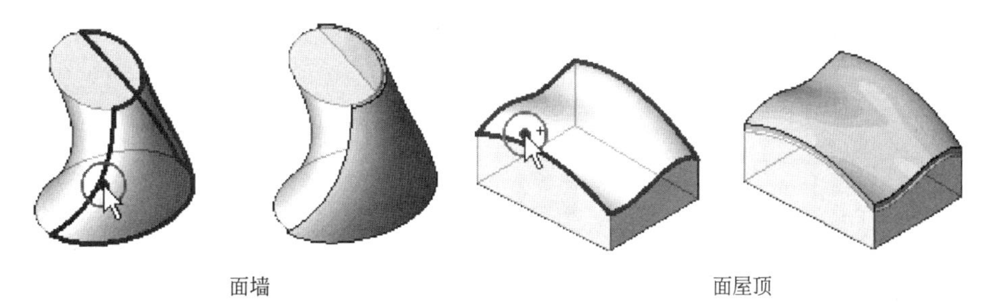

图 4.7.1-1

【提示】要在垂直的圆柱形面上创建非矩形墙，请使用洞口和内建剪切功能来调整其轮廓。

1）要从体量面创建墙，打开显示体量的视图。

2）单击“体量和场地”选项卡➤“面模型”面板➤（面墙）。

3）在类型选择器中，选择一个墙类型，在选项栏上，选择所需的标高、高度、定位线的值。

4）移动光标以高亮显示某个面，单击以选择该面。

（2）创建体量楼层

创建概念设计的体量后，在项目中定义的每个标高处创建体量楼层（图 4. 7. 1–2）。

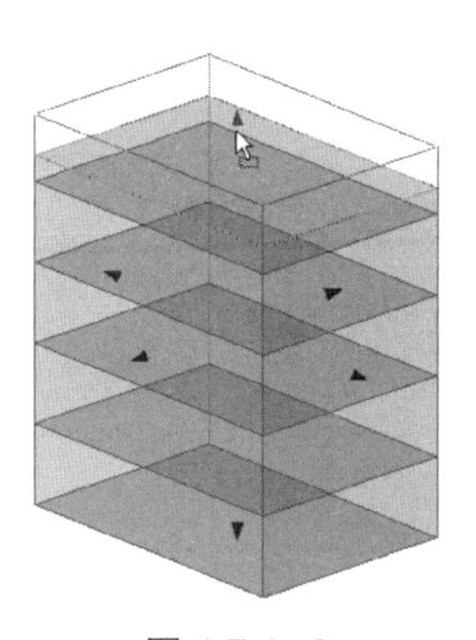

图 4.7.1–2

1）将标高添加到项目中（如果尚未执行该操作）。体量楼层基于在项目中定义的标高。

2）选择体量。单击“修改 | 体量”选项卡➤“模型”面板➤（体量楼层）。

3）在“体量楼层”对话框中，选择需要体量楼层的各个标高，然后单击“确定”。

最初，如果选择的某个标高与体量不相交，则软件不会为该标高创建体量楼层。但是，如果稍后调整体量的大小，使其与指定的标高相交，则软件会在该标高上创建体量楼层。

（3）从体量楼层创建楼板

要从体量实例创建楼板，请使用“面楼板”工具或“楼板”工具。

要使用“面楼板”工具，需先创建体量楼层。体量楼层在体量实例中计算楼层面积。

1）单击“体量和场地”选项卡➤“面模型”面板➤（面楼板）。

2）在类型选择器中，选择一种楼板类型，单击以选择体量楼层（图 4. 7. 1–3）。

（4）从体量创建幕墙系统

使用“面幕墙系统”工具在任何体量面或常规模型面上创建幕墙系统。

幕墙系统没有可编辑的草图。如果需要关于垂直体量面的可编辑的草图，需要使用幕墙，只有放置幕墙之后才可以编辑轮廓。

1）单击“体量和场地”选项卡➤“面模型”面板➤（面幕墙系统）。

2）在类型选择器中，选择一种幕墙系统类型，使用带有幕墙网格布局的幕墙系统类型（图 4. 7. 1–4）。

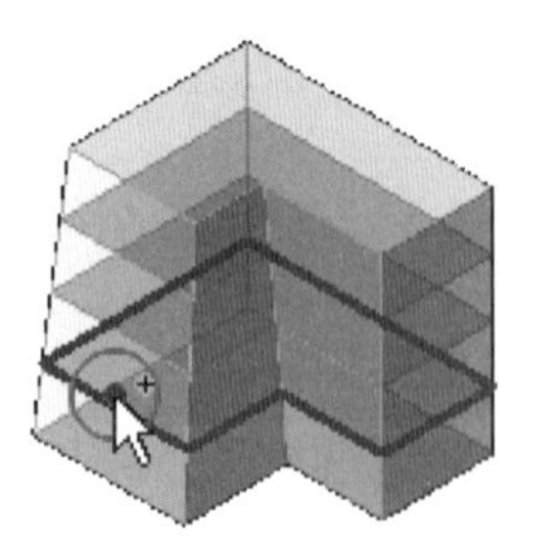

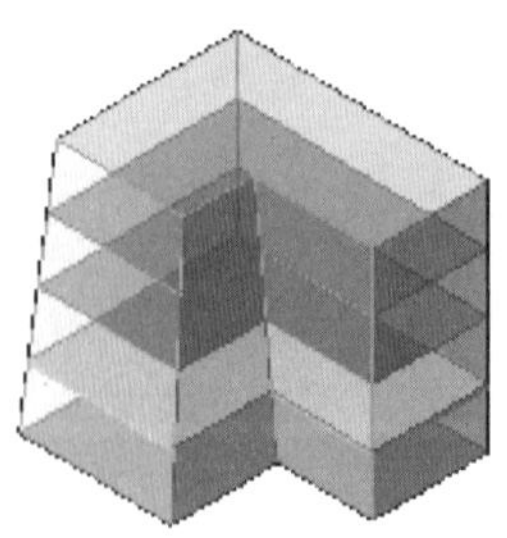

图 4.7.1–3

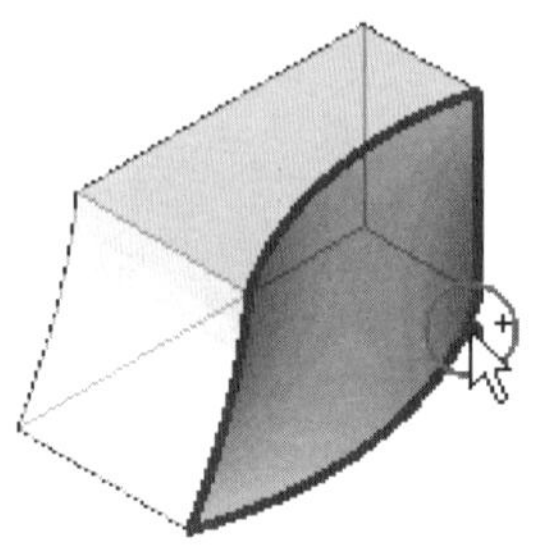

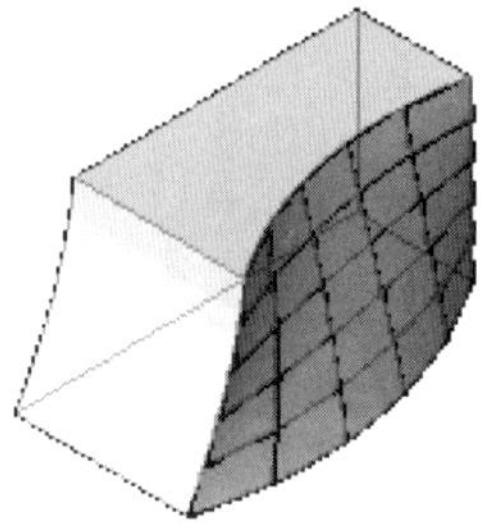

图 4.7.1–4

4. 7. 2　体量族的创建方式

大体和族一样，有 5 个实心形状命令，以及空心形状对应的 5 个形状命令，创建方法在一级的教材中说明，配合视频及一级教材学习，在此不重复叙述。

4.7.3　点图元

参照点可以在概念设计中帮助构建、定向、对齐和驱动几何图形。

在空间中任意放置几个点，每一个点都有一个独立的坐标，可以通过拖拽箭头来控制点的位置，使其不在同一平面（图 4.7.3-1），点击“通过点的样条曲线”可以对点进行一个连接（图 4.7.3-2），生成一条不在任何平面的曲线（图 4.7.3-3）。

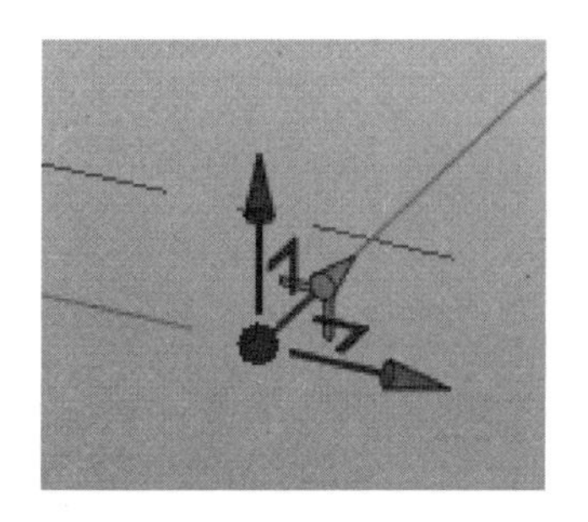

图 4.7.3-1

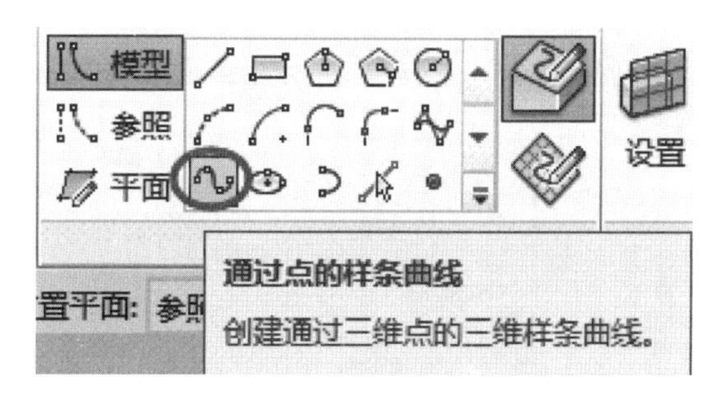

图 4.7.3-2

在其中一个点上设置工作平面，绘制一个轮廓，选中轮廓和线条就可以生成一个不在任何平面的空间图元，如图 4.7.3-4 所示。

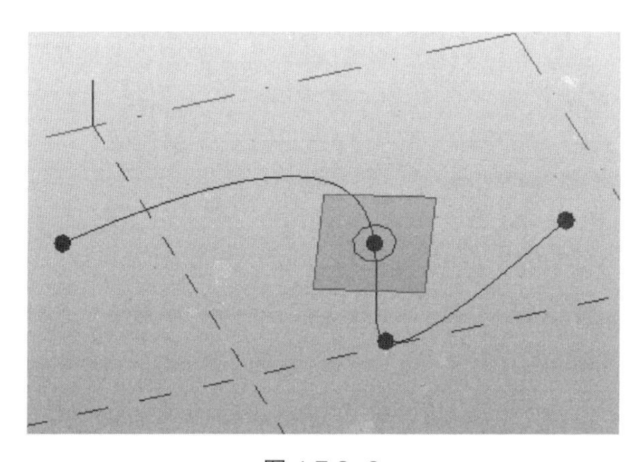

图 4.7.3-3

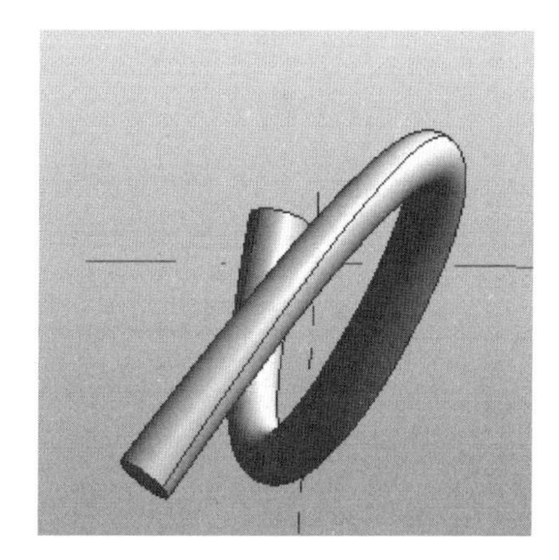

图 4.7.3-4

4.8　结构填充图案族

4.8.1　填充图案

概念设计环境中，可以通过分割一些形状的表面并在分割的表面中应用填充图案，包括平面、规则表面、旋转表面和二重曲面等，来将表面有理化处理为参数化的可构建构件。“基于填充图案的公制常规模型”与“基于公制幕墙嵌板填充图案”功能实际是一模一样的，我们只讲解一个就好。

- 在表面中填充图案

填充图案以族的形式存在，在应用填充图案前可以在“类型选择器”中以图形方式进行预览，概念设计环境族样板文件中自带了多种填充图案族供选择。

选择一个分割表面。在“类型选择器”中，选择所需的填充图案，见图 4.8.1-1。应用填充图案后，这些填充图案成为分割表面的一部分，填充图案的每一个重复单元（即在“类型选择器”中预览看到的图案）需要特定数量的表面网格单元，而具体数量取决于填充图案的形状。

【提示】在应用填充图案后，分割表面处于隐藏状态。要重新显示，可以单击选择“分割的表面”，然后单击功能区中“修改分割的表面”“表面表示”→“表面”按钮。

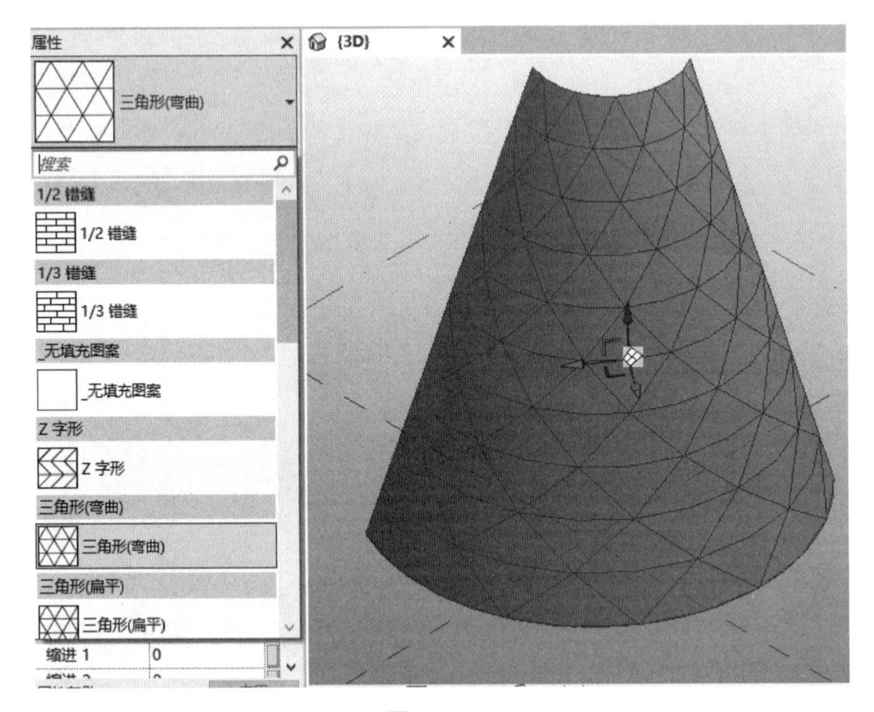

图 4.8.1-1

在填充图案中，有些预览图显示为全白，而有些显示为黑白相间。全白的填充图案表示分割表面的所有单元格将被全部填充上图案。而有黑白相间的填充图案，表示分割表面的单元格将被间隔地填充上图案，例如“矩形”和“矩形棋盘”填充图案，见图 4.8.1-2。

有些填充图案的名称里注明“扁平”，有些注明“弯曲”。在弯曲的分割平面上分别填充相同样式的“扁平”和“弯曲”填充图案，可以观察到“扁平”的填充图案在曲面上显示为直线连接，而“弯曲”的填充图案在曲面上显示为曲线连接，见图 4.8.1-3。

- 修改已填充图案的表面

可以通过“类型选择器”选择填充新的图案，也可以通过“面管理器”或“属性”对话框调整填充图案的属性。

（1）通过“面管理器”修改填充图案属性。

（2）通过“属性”对话框修改填充图案样式。

（3）通过“属性”对话框修改填充图案属性。

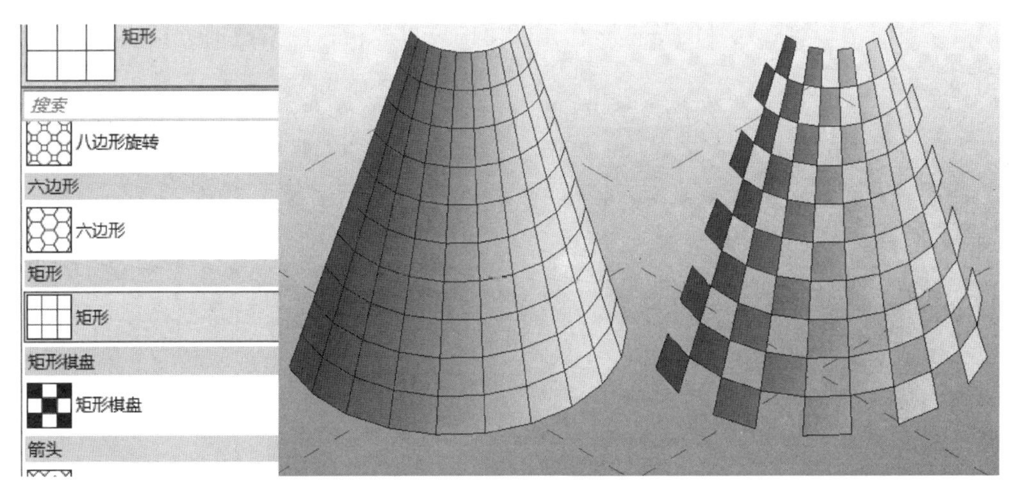

图 4.8.1-2

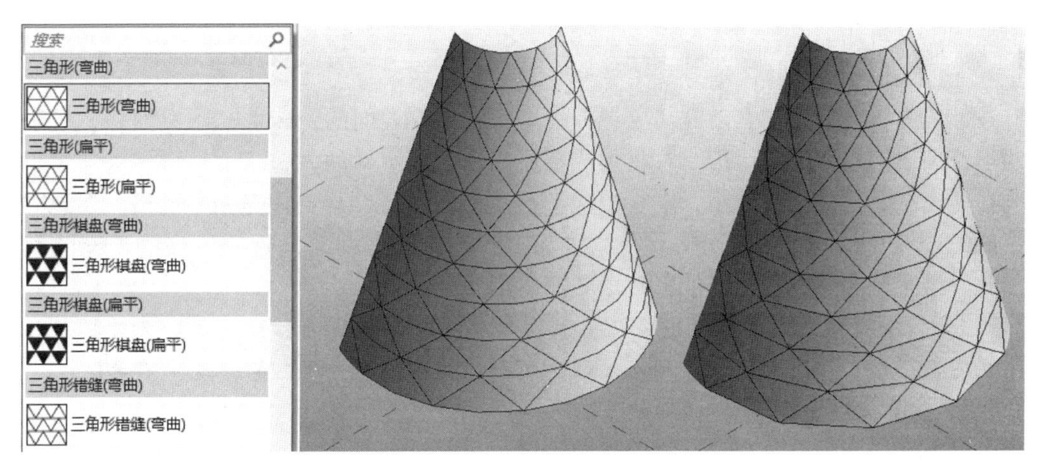

图 4.8.1-3

4.8.2　填充图案构件族

用“基于公制幕墙嵌板填充图案. rft”和“基于填充图案的公制常规模型. rft”的族样板，可以创建填充图案嵌板构件。这些构件可作为体量族的嵌套族载入概念体量族中，并应用到已分割或已填充图案的表面。同时也可以将用这两个族样板文件创建的族作为幕墙嵌板类别加入到明细表中。用这两个族样板构建构件时，也可以通过形状生成工具来创建各种形状。

将填充图案构件应用到分割表面后，可以统一对所有构件或单个构件进行修改。

本节以“基于公制幕墙嵌板填充图案. rft”为例，详细介绍如何创建填充图案构件族。

- 填充图案构件族样板

单击“应用程序菜单”按钮—“新建”—“族”→选择“基于公制幕墙嵌板填充图案. rft”族样板文件，单击“打开”。

“基于公制幕墙嵌板填充图案. rft”族样板由瓷砖填充图案网格、参照点和参照线组成，见图 4. 8. 2-1。默认的参照点、参照线是锁定的，只允许在 Z 轴方向上移动，见图

4.8.2-2。这样可以维持构件的基本形状，以便构件可严格按网格数的分布应用到填充图案中去。

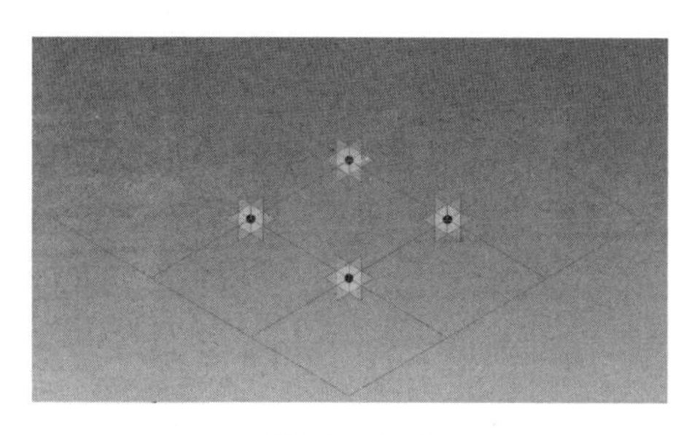

图 4.8.2-1

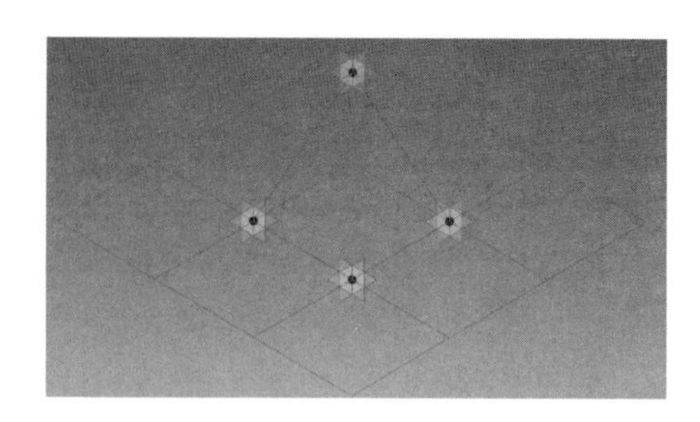

图 4.8.2-2

在此样板中只有一个楼层平面视图，且不能添加标高来生成一个新的楼层平面视图，也没有立面视图和默认的垂直参照平面；在创建族时，也不能添加三维参照平面。参照线和模型线工具可用。

- 选择填充图案网格

设计填充图案构件前，首先需要选择一个符合填充表面的瓷砖填充图案网格。基于不同的填充图案网格创建三维形状，将形成不同的填充图案构件。

在填充图案构件族文件中，默认情况下会显示“矩形”瓷砖填充图案网格。在绘图区域中单击选择瓷砖填充图案网格，在“类型选择器”中，可重新选择所需的填充图案网格。此时绘图区域将会应用新的瓷砖填充图案网格。

【提示】如果修改某个填充图案网格上的参照点或参照线的位置，之后又选择了其他的填充图案网格，那么再次切换到修改过的那个网格图案时，之前的修改将不做保留。

- 创建填充图案构件族

下面举例说明如何创建一个幕墙嵌板的填充图案构件族。

（1）创建嵌板框架

① 单击“应用程序菜单”按钮—“新建”“族”—选择“基于公制幕墙嵌板填充图案. rft”族样板文件，单击“打开”。

② 单击功能区中“创建”—“绘制”“参照”按钮，勾选选项栏上的“三维捕捉”选项，在绘图区域绘制一根参照线，见图 4.8.2-3。

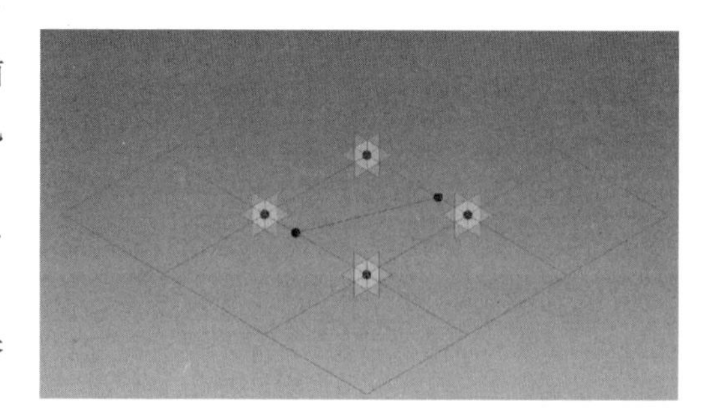

图 4.8.2-3

【提示】必须要勾选“三维捕捉”，否则之后生成的形状不会随着参照点而移动。

③ 选中先前绘制的参照线上的两个参照点，在“属性”对话框上“尺寸标注”列表中指定“测量类型”为“规格化曲线参数”，且输入“规格化曲线参数”值为 0.5。此时参照线上的参照点位置发生相应的变化，其所在位置变更为在其主体中点处，见图 4.8.2-4。

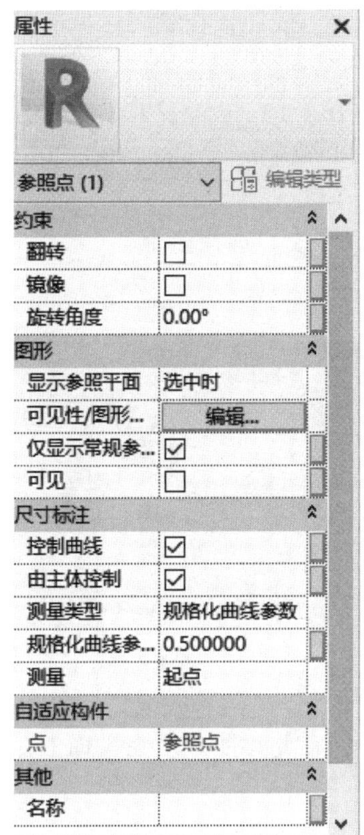

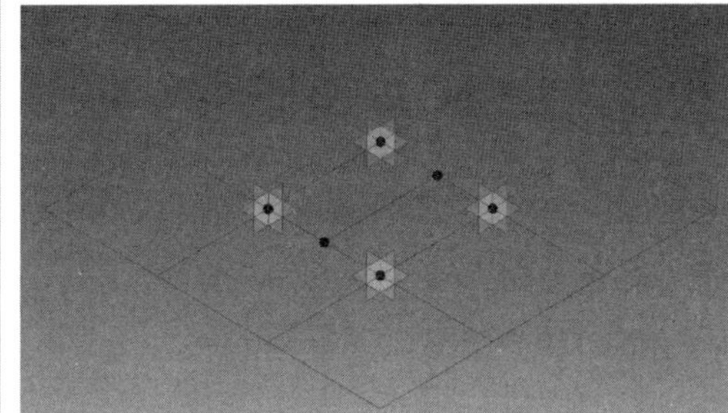

图 4.8.2-4

然后单击“规格化曲线参数”中的“关联族参数”按钮，为其创建一个参数“位置系数”，见图 4.8.2-5。

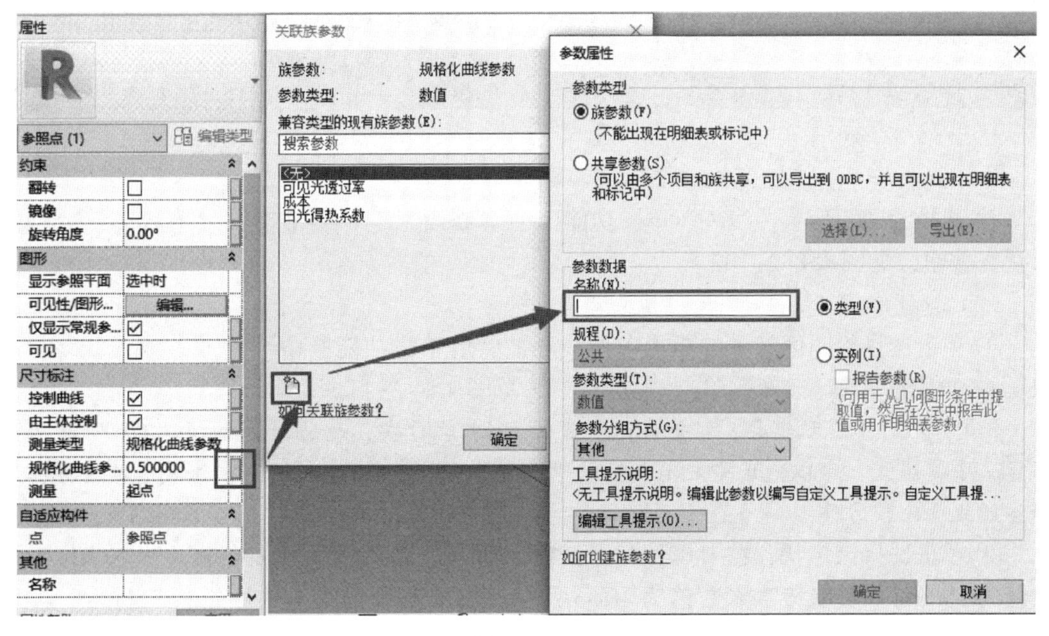

图 4.8.2-5

④ 单击功能区中“创建”—“绘制”—“点图元”按钮，在绘图区域的参照线上单击绘制一个基于主体的参照点。

⑤ 单击选择该参照点，使工作平面切换到点所在平面。单击功能区中“修改丨参照点”—“绘制”—“圆形”按钮，以参照点为圆心绘制一个圆，半径 300mm，见图 4.8.2-6。

⑥ 选择圆和先前添加的参照线，单击功能区中“修改丨选择多个”“形状”“创建形状”按钮，见图 4.8.2-7。

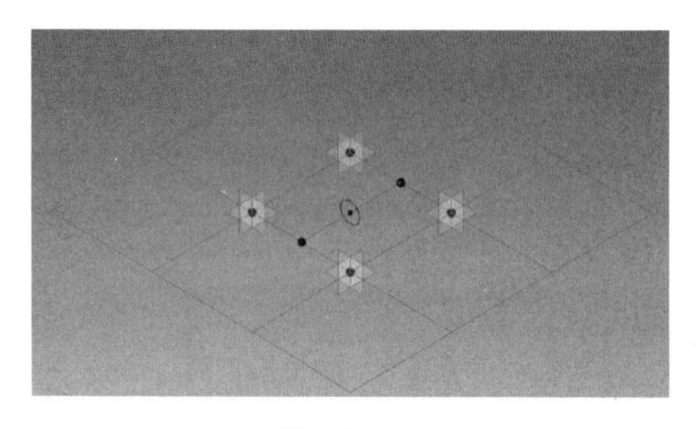

图 4.8.2-6

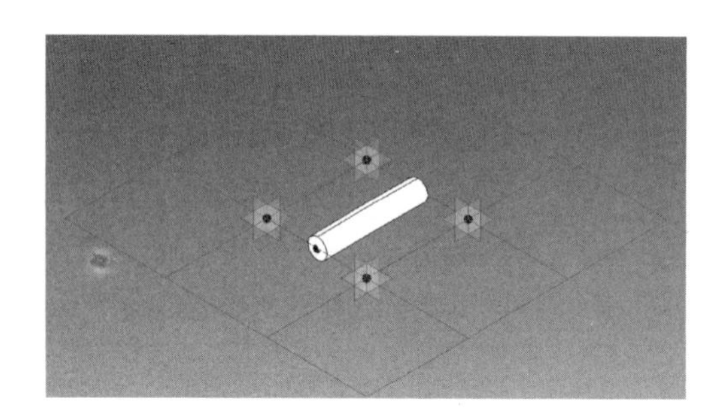

图 4.8.2-7

⑦ 在另一根参照线上绘制一个“基于主体的点”，在此参照点所在平面上，以该点为圆心绘制一个圆，半径 300mm，见图 4.8.2-8。

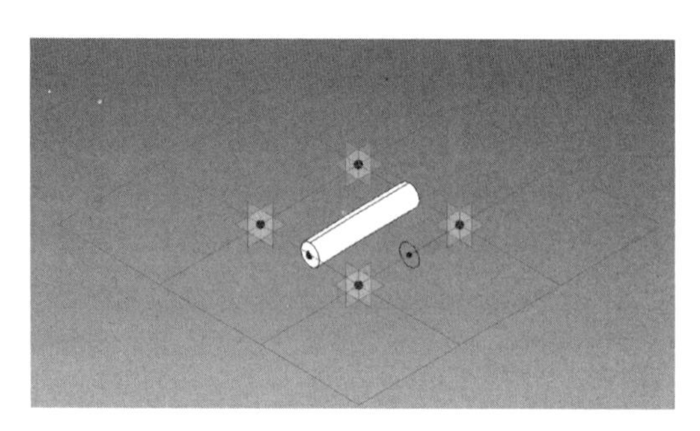

图 4.8.2-8

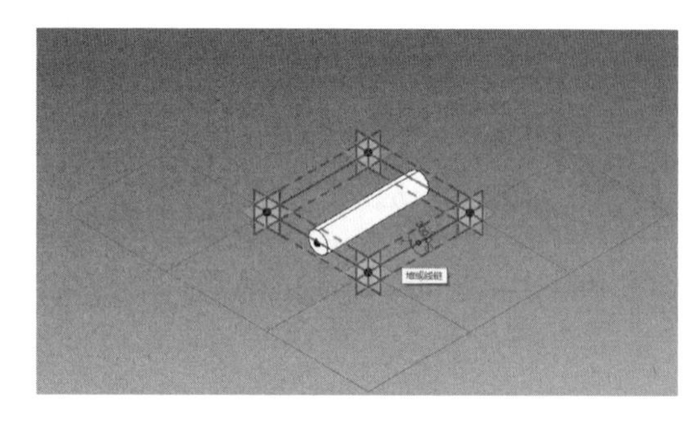

图 4.8.2-9

⑧ 选择圆和矩形参照线环，单击功能区中“修改 1 选择多个”—“形状”—“创建形状”按钮，见图 4.8.2-10。

（2）创建嵌板

① 单击选择绘图区域中的矩形参照线环，然后单击功能区中“修改丨参照线”“形状”—“创建形状”按钮，单击“立方体”，见图 4.8.2-11。

【提示】由于图元重叠，可能在选择参照线时有困难。如果通过切换“Tab”键仍然不能选中参照线，可以先选中之前创建的“形状”图元，将其在视图中隐藏。之后再去选择参照线会比较方便。

② 单击选择该形状，在“属性”对话框上的“限制条件”列表中输入“正偏移”参数值为 10mm，“负偏移”参数值为 10mm；在“材质和装饰”列表中选择“材质”参数值为“玻璃”，见图 4.8.2-12。

图 4.8.2-10

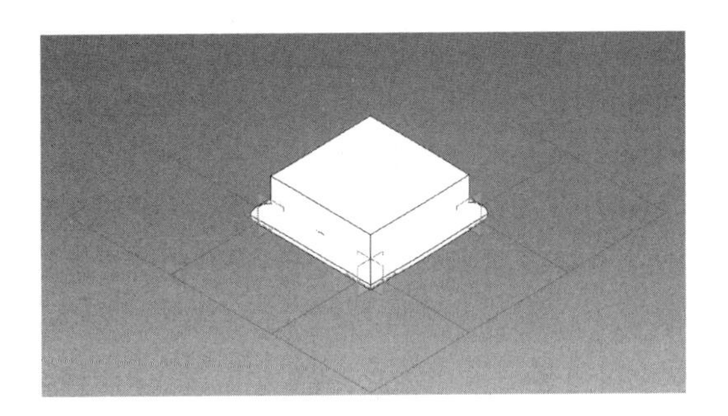

图 4.8.2-11

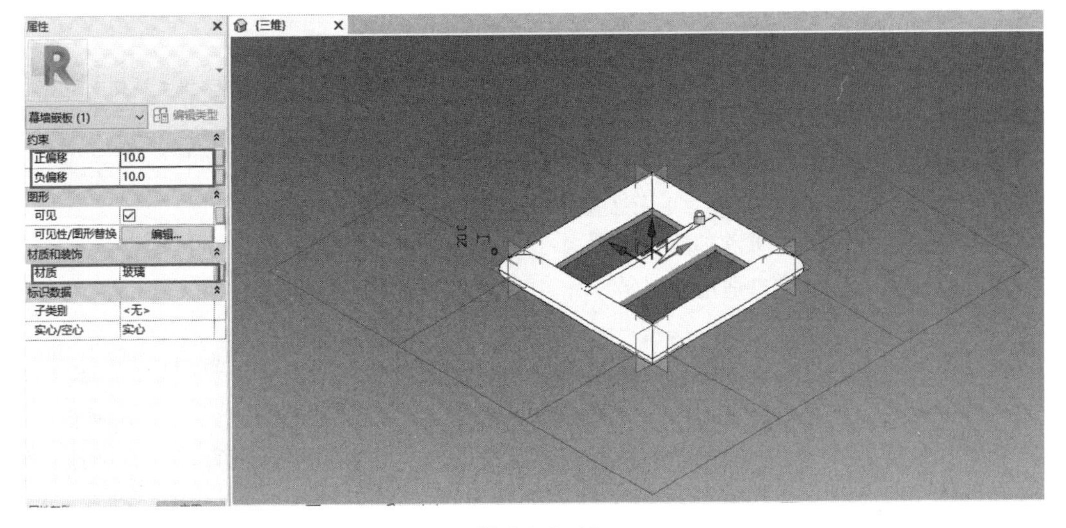

图 4.8.2-12

【提示】如果形状的某一尺寸值是固定的，可以通过“属性”对话框中的“正偏移”和“负偏移”参数去控制。不必在标注尺寸后，通过“上锁”去锁定值。

③ 单击功能区中“创建”—“属性”—“族类型”按钮。打开“族类型”对话框，修改“位置系数”值为 0. 75，单击“确定”，见图 4. 8. 2-13。

图 4.8.2-13

如果要使中间的圆柱形状较之前做整体平移，必须确保驱动圆柱移动的两个参照点的测量点在同一边。

4.9　结构自适应族

4. 9. 1　自适应构件

在建筑概念设计阶段，设计师免不了需要时常地修改模型，同时又希望在修改时保持模型之间的相互关系。在 Revit 里，通过自适应功能就可以处理构件需要灵活适应独特概念条件的情况。而这样的构件被称为自适应构件，它可以随着被定义的主体的变化而产生相应的变化。用“自适应公制常规模型.rft”的族样板，可以创建自适应构件族。其默认的族类别为“常规模型”，也可以为自适应构件重新指定一个类别。这些构件族类似于填充图案构件族，可作为嵌套族载入概念体量族和填充图案构件族中或直接载入项目文件中。同时被用来布置符合自定义限制条件的构件而生成的重复系统或作为灵活的独立构件被应用。用这个族样板创建构件时，同样可以通过形状生成工具来创建各种形状。

“填充图案构件”实际上也是一种自适应构件，只不过它受限制于分割表面网格的划分或是瓷砖填充图案网格的类型。

4.9.2 创建自适应构件族

创建自适应构件族，首先要创建自适应点。自适应点是用于设计自适应构件的修改参照点，通过：“使自适应”工具可以将参照点转换为自适应点。通过普通“参照点”创建的非参数化构件族在载入体量族后的形状是固定的，不具备自适应到其他图元或通过参照点来改变自身形状的功能。而自适应点可以理解为自适应构件的关节，通过定义这些关节的位置，就可以随心所欲地确定构件基于主体的形状和位置。并且通过捕捉这些灵活点绘制的几何图形来创建自适应构件族。

（1）创建自适应点

根据需要，在创建构件族前先要确定创建自适应点的数量。例如，要想生成一个三角形的自适应构件，并且对三角形的三个端点都要求自适应，就必须创建三个自适应点。自适应点的主要特点就在于它们是带有顺序编号信息的点，而编号信息将直接对自适应构件载入体量族、填充图案构件族或项目文件后的定位产生影响。另外，区别于普通“参照点”，当转换为自适应点后，系统默认显示基于点在 X，Y，Z 空间上的三个参照平面；而普通“参照点”则默认不显示基于点的三个参照平面，但可以通过“属性”对话框上的“图形”列表中“显示参照平面”参数，来选择参照平面是否显示。

1）将参照点放置在需要自适应点的位置。这些点可以是自由点、基于主体的点或驱动点。

2）选择参照点。

3）单击“修改 | 参照点”选项卡▶“自适应构件”面板▶（使自适应）。该点此时即成为自适应点。要将该点恢复为参照点，请选择该点，然后再次单击（使自适应）。

请注意，自适应点按其放置顺序进行编号（图 4.9.2-1）。

在绘图区域中单击点的编号可以进行修改。它将转换为可编辑的文本框。如果输入当前已使用的自适应点编号，这两点的编号将互换。也可以在“属性”选项板上修改自适应点的编号。

【提示】点的放置顺序非常重要，在体量族中定义不同的顺序生成的构件形状可能不同。

（2）应用自适应构件族

1）在限制条件下布置构件生成重复系统

单击选择已添加好的自适应构件族，按住“Ctrl”键，在出现移动的光标后，同时按住鼠标左键可将构件沿主体拖动复制。

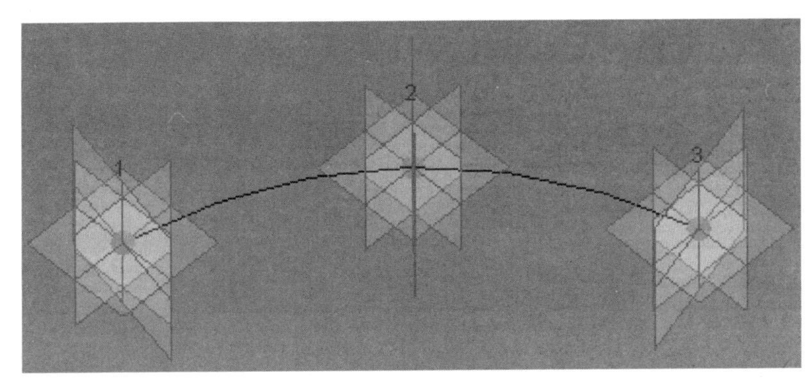

图 4.9.2-1

2）独立灵活地布置构件

将类型拖动到绘图区域，通过捕捉空白处的参照点完成填充。

3）自动重复布置构件

沿节点放置并重复自适应构件实例。

① 将自适应构件加载到设计中。这些自适应构件将列在“项目浏览器”中的“常规模型”或“幕墙嵌板（按填充图案）”下。

② 单击“创建”选项卡➤“模型”面板➤（构件），然后从“类型选择器”中选择自适应构件。或者可以将自适应构件从项目浏览器拖到绘图区域中。

③ 该构件将显示在光标处。通过单击节点放置构件。如果要将构件放置到分割表面上，请确保已在“表面表示”对话框中启用节点。

④ 单击“修改 | 常规模型”➤“修改”面板➤（重复）。

此实例在每个节点上重复并被分组为中间构件。

若要删除中间构件，请单击“修改 | 中间构件”选项卡➤“中间构件”面板➤（删除中间构件）。这将删除中间构件组，遗留下自适应构件的多个实例。

【注意】在放置构件时，必须选择“放置在面上”，而不能选择“放置在工作平面上”。

（3）放置自适应构件

将自适应模型放置在另一个自适应构件、概念体量、幕墙嵌板、内建体量和项目环境中。

1）以自适应点为参照设计一个新的常规模型。这是自适应构件。

2）将自适应构件载入设计构件、体量或项目中。此步骤的示例使用包含 4 个自适应点的如图 4.9.2-2 常规模型。

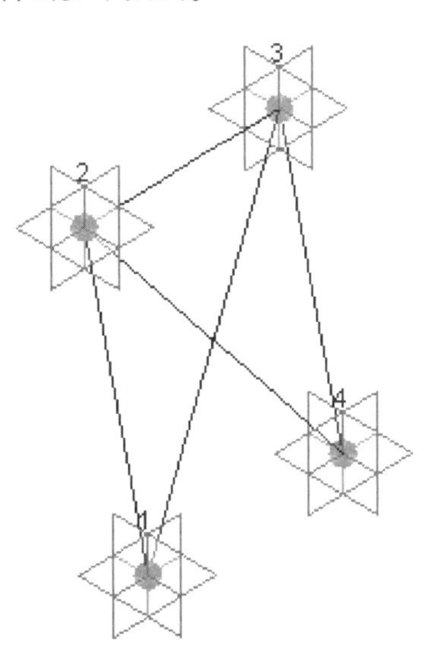

图 4.9.2-2

3）在设计中，从项目浏览器将该构件族拖曳到绘图区域中（图 4.9.2-3）。该构件族列在“常规模型”下。请注意，该模型的形状会在光标上表示出来。

4）在概念设计中放置模型的自适应点。在本示例

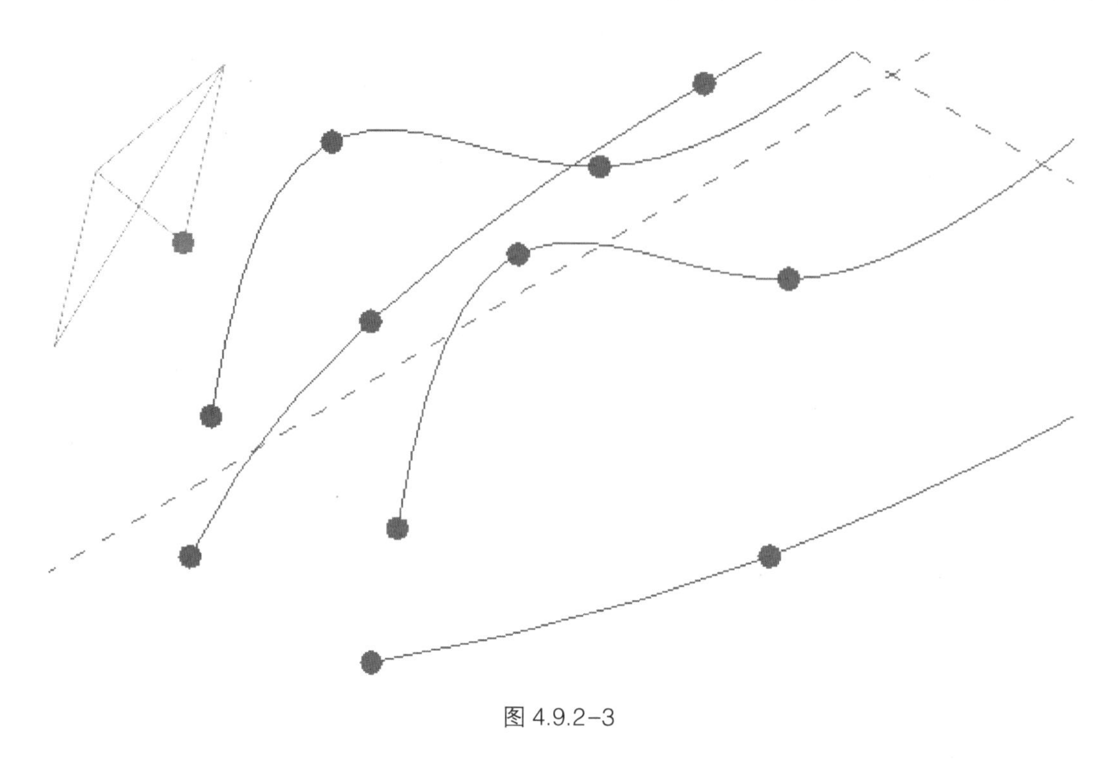

图 4.9.2-3

中，每个点放置在其他扶栏。点的放置顺序非常重要。如果构件是一个拉伸，当点按逆时针方向放置时，拉伸的方向将会翻转。

【提示】可随时按 Esc 键，以基于当前的自适应点放置模型。例如，如果您的模型有 4 个自适应点，而您在放置两个点后按 Esc 键，则将基于这两个点放置模型（图 4.9.2-4）。

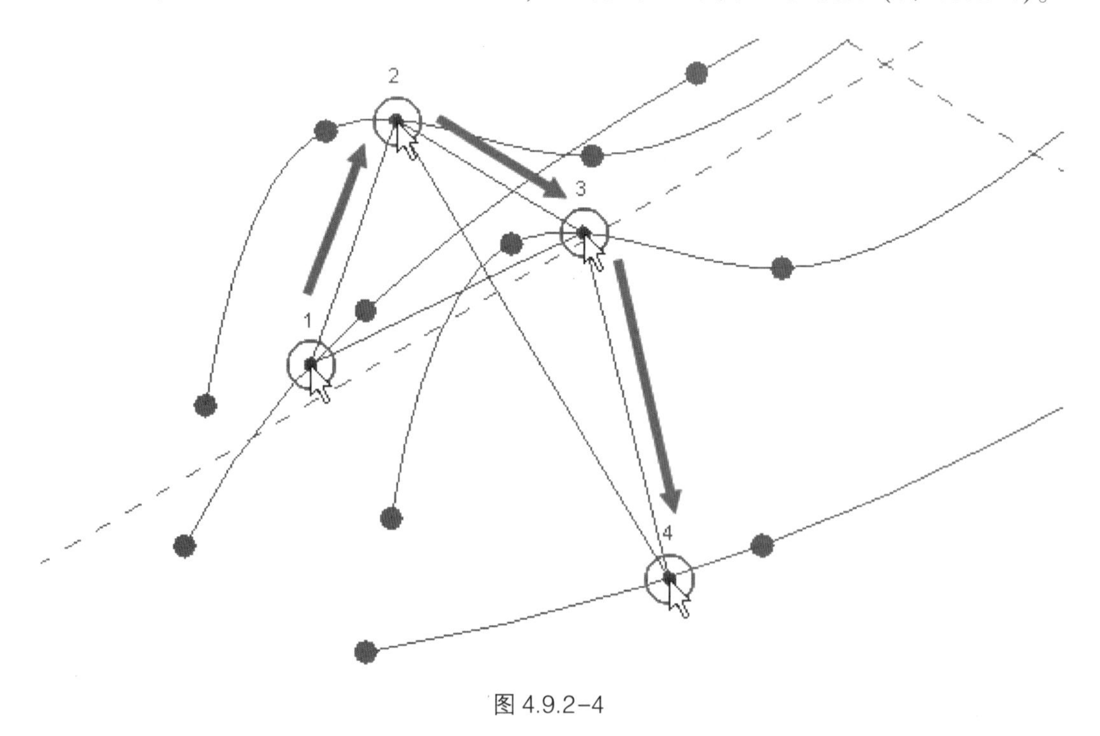

图 4.9.2-4

5）如果需要，可以继续放置该模型的多个副本。要手动安排模型的多个副本，请选择一个模型，然后在按住 Ctrl 键的同时进行移动，以放置其他实例（图 4.9.2-5）。

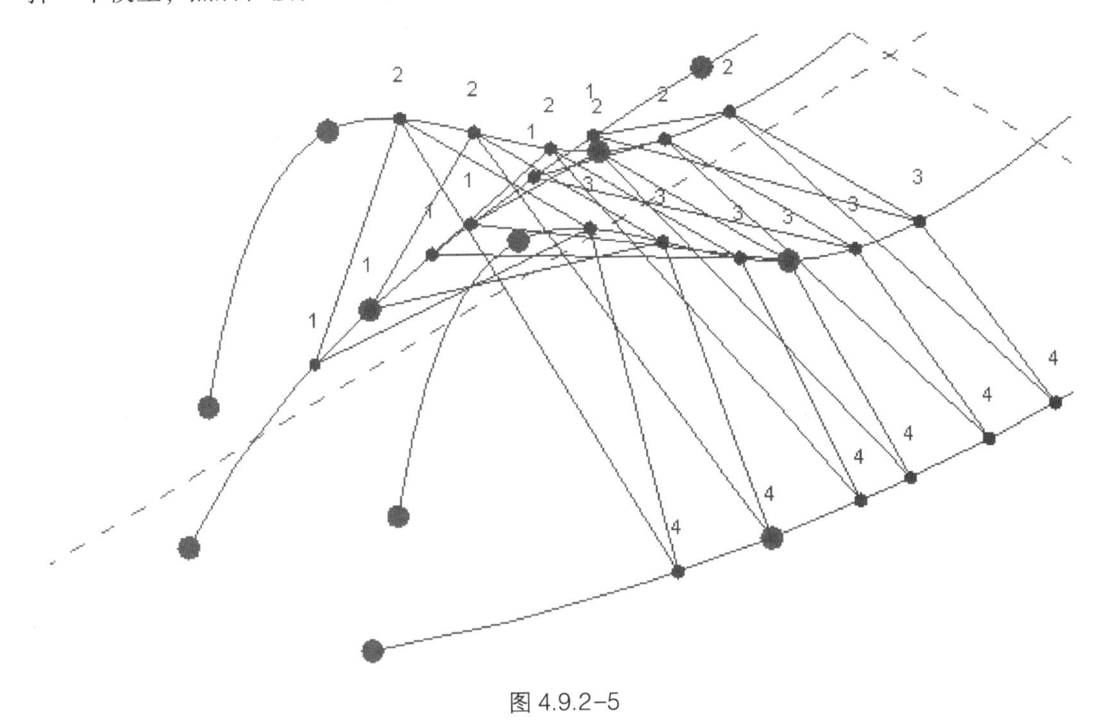

图 4.9.2-5

6）调整或修改自适应构件并重新载入。

4.9.3　修改自适应构件族

自适应构件族受到自适应点的控制，因而修改自适应点，构件族也会发生相应变化。自适应点可作为“放置点”用于放置构件，它们将按载入构件时的编号顺序放置，将参照点设为自适应点后，默认情况下它将是一个“放置点”。

自适应点也可以作为“造型操纵柄点”用来控制基于这些点的自适应构件的形状。

（1）修改点的类型

单击选择参照点或自适应点，通过“属性”对话框上“自适应构件”列表中的“点”参数，可以指定点的类型“放置点”和“造型操纵柄点”都是自适应点（图 4.9.3）。

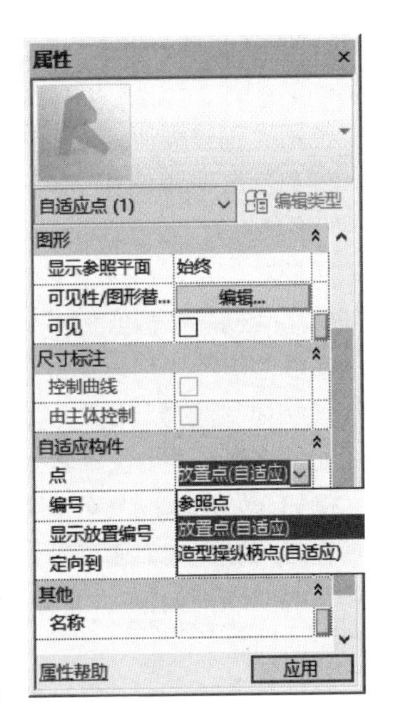

图 4.9.3

1）放置点与参照点。通过“使自适应”工具可以将参照点与放置点做相互转换；同时也可以在“属性”对话框的“点”参数下拉列表中执行这样的转换。“放置点”是带有顺序编号的，可以控制自适应构件；而普通的“参照点”没有编号。

2）造型操纵柄点。定义点为“造型操纵柄点”，可以将自适应点用作造型操纵柄。“造型操纵柄点”与普通参照点一样，也没有编号信息。在放置构件时这些点将不会起到定义形状和位置的作用，仅在放置构件后通过这些点的移动来控制构件。

（2）修改“放置点”的属性

修改“放置点”的编号。只有“放置点”有编号，“参照点”与“造型操纵柄点”是没有编号的。前面已经提到，修改“放置点”的编号顺序，对之后放置相应的自适应构件也会产生影响。指定点的编号，就能确定自适应构件每个点的放置顺序。

在绘图区域中单击“放置点”的编号，该编号会显示在一个可被编辑的文本框中。输入新的编号，按“Enter”键，或者单击文本框外面的区域退出。如果输入当前已使用的“放置点”编号，这两点的编号将互换。

修改“放置点”的方向。单击选择“放置点”，通过“属性”对话框上的“自适应构件”列表中“方向”参数，可为自适应点的垂直方向指定参照平面。

4.10 结构零件部件式

4.10.1 零件

使用“零件”工具可以将设计模型中的某些图元衍生生成零件图元，生成零件图元后，可以通过零件分割工具将零件图元划分为更小的零件来支持构造建模过程。划分后的零件图元可以使用零件明细表进行统计，使用标签对零件做标记，便于进行施工阶段的详细设计。

例如，在建筑专业设计时，采用楼板工具创建了完整的楼板模型，但在施工时，该楼板必须根据施工要求按施工分区或根据施工工艺分层进行浇筑。要实现此应用，可以通过 Revit 的零件工具，将楼板拆分为不同区域、不同层的零件。

（1）创建类似实例

使用“创建类似实例”工具可放置与选定图元类型相同的图元。

例如，当在视图中的一个门上单击鼠标右键，并单击“创建类似实例”工具，则“门”工具将处于活动状态，同时在类型选择器中选择的门类型已处于选中状态。“创建类似实例”工具可用于大多数 Revit 图元。

使用“创建类似实例”命令时，每个新图元会继承在族编辑器中为选定图元定义的族实例参数。使用“创建类似实例”命令创建的图元不会继承不是在族编辑器中定义的实例参数（例如“注释”）的值。选定图元的这些实例参数值将应用于使用该工具创建的所有图元，直到在类型选择器中改变其类型为止。

例如，如果所选图元是墙，则其高度属性被指定为新墙的默认值。在同一标高创建的墙具有相同的“底部偏移”“无连接高度”“顶部延伸距离”“底部延伸距离”“墙顶定位标高”和“顶部偏移”。如果新墙是在不同的标高上创建的，则“墙顶定位标高”会设置为相应的标高。

要创建类似图元，请执行下列操作：

1）选择一个图元。

2）单击“修改 | <图元>”选项卡➤“创建”面板➤（创建类似实例），或者在绘图区域中的图元上单击鼠标右键，然后单击“创建类似实例”。

3）在绘图区域中单击鼠标，将新创建的实例放置到所需位置。如果需要，可多次重复此步骤。

4）要退出“创建类似实例”工具，请按 Esc 键两次。

5）将建筑模型图元分割成个别零件，可单独添加到明细表、标记、过滤和导出。

（2）使用组编辑器创建组

1）单击“建筑”选项卡➤“模型”面板➤“模型组”下拉列表➤（创建组）。

也可以从以下位置找到“创建组”工具：

“结构”选项卡➤“模型”面板➤“模型组”下拉列表。

“注释”选项卡➤“详图”面板➤“详图组”下拉列表。

2）在“创建组”对话框中输入组的名称。

3）选择要创建的组的类型（模型组或详图组），然后单击“确定”。

Revit 将进入组编辑模式。当处于组编辑模式时，绘图区域的背景色会发生变化。

4）如果项目视图中有要添加到组中的图元，请单击“编辑组”面板➤（添加），然后选择这些图元。

5）如果要向组添加项目视图中不存在的图元，需从相应的选项卡中选择图元创建工具并放置新的图元。在组编辑模式中向视图添加图元时，图元将自动添加到组。

注：如果向模型组中添加视图专用图元（例如窗标记），则视图专用图元将被放置于项目视图中，而不是模型组中。

6）如果已完成向组中添加图元，请单击“编辑组”面板➤✔（完成）。

4.10.2　创建零件

对于包含图层或子构件的图元（例如墙），将会为这些图层创建各个零件。对于其他图元，则创建一个单独的零件图元。在任一情况下，生成的零件随后都可以分割成更小的零件（图 4.10.2）。

“修改”选项卡➤“创建”面板➤（创建零件）。

【注意】项目参数和共享参数以及标高数据会传播到零件。

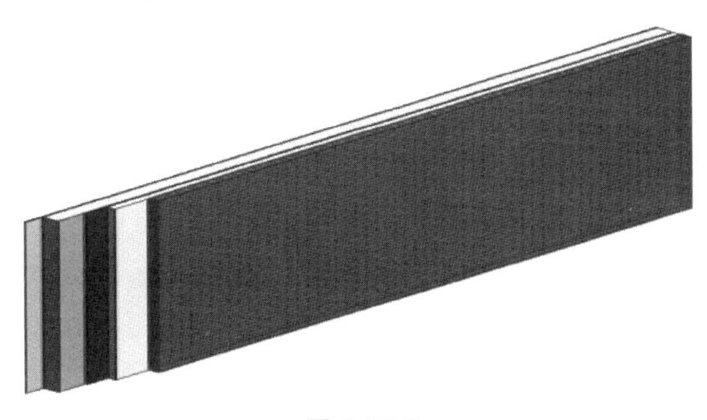

图 4.10.2

1）方法一：首先选择图元

① 在绘图区域中，选择要通过其创建零件的图元。

② 单击“修改 | <图元类型>”选项卡➤“创建”面板➤（创建零件）。

2）方法二：首先选择工具

① 单击“修改”选项卡➤“创建”面板➤（创建零件）。

② 在绘图区域中，选择要通过其创建零件的图元。

当工具处于活动状态时，只有可用于创建零件的图元才可供选择；不可选择的图元显示为半色调。

③ 按 Enter 键或空格键完成操作。

（1）分割零件

某个图元被指定为零件后，可通过绘制分割线草图或选择与该零件相交的参考图元，将该零件分割为较小零件。

1）通过绘制草图分割零件

① 在绘图区域中，选择零件或要分割的零件。

② 单击“修改 | 零件”选项卡➤“零件”面板➤（分割零件）。

③ 如果希望从此分割所产生的零件之间留有间隙，请在“属性”选项板上的“限制条件”下为“分割间隙”参数输入一个正数值。还可以使用“尺寸标注”下的参数，沿间隙将轮廓应用于零件边缘，并根据需要对它进行配置。

④ 单击“绘制”面板➤（编辑草图）。“绘制”面板将显示选定的“线”工具。

⑤ 视需要使用“工作平面”面板上的工具显示或更改活动的工作平面，将在该工作平面上绘制分割的几何图形的草图。

⑥ 指定绘制线的起点和终点，或者根据需要选择其他绘制工具并绘制分割几何图元的草图。

注：各条直线和曲线不必形成闭合环，但必须与零件的两个边界（绿色虚线）或另一分割线相交，以便定义单独的几何区域。闭合环不必与边界或分割线相交。

⑦ 完成绘制时，请单击✔（完成编辑模式）以退出编辑草图模式。

⑧ 继续编辑生成的分区，或单击✔（完成编辑模式）以退出编辑草图模式。

2）按参照分割零件

① 在绘图区域中，选择零件或要分割的零件。

② 单击“修改 | 零件”选项卡➤“零件”面板➤（分割零件）。

③ 如果希望从此分割所产生的零件之间留有间隙，请在“属性”选项板上的“限制条件”下为“分割间隙”参数输入一个正数值。还可以使用“尺寸标注”下的参数，沿间隙将轮廓应用于零件边缘，并根据需要对它进行配置。

④ 单击“修改 | 分割”选项卡➤“参照”面板➤（相交参照）。

⑤ 在“相交命名的参照”对话框中，根据需要使用“过滤器”下拉列表控制，查看可用于分割选定零件的标高、轴网和参照平面。

⑥ 选择所需的参照，并根据需要输入正或负偏移，单击“OK”。

⑦ 继续编辑生成的分区，或单击✔（完成编辑模式）以退出草图模式。

（2）创建部件

将多个建筑图元合并到单个部件中，以便单独列入明细表、标记和过滤。放置实例并快速生成部件视图。

“修改”选项卡➤“创建”面板➤（创建部件）。

1）首先选择图元

① 在绘图区域中，选择要包含在部件中的图元。

② 单击“修改 | <图元类型>”选项卡➤“创建”面板➤（创建部件）。

③ 在“新部件”对话框中，如果部件是唯一的，则可以编辑默认“类型名称”值，该默认名称是通过在指定的命名类别中分配的最后一个部件类型名称后附加一个序列号而自动生成的。

如果部件包含其他类别的图元，则可以为命名类别选择另一个值，此时如果部件仍具有唯一性，则可以编辑该类型的名称。单击“确定”，完成创建部件和将新部件类型添加到“项目浏览器”中。

如果已存在匹配的部件，则“类型名称”是只读的，而单击“确定”将创建该部件类型的另一个实例。但是，如果新部件包含其他类别的图元，则可以为命名类别选择另一个值。如果更改命名类别后部件是唯一的，则可以编辑其类型名称（如果需要），然后单击“确定”，将新部件类型添加到“项目浏览器”中。

2）首先选择工具

① 单击“修改”选项卡➤“创建”面板➤（创建部件）。

“添加/删除”工具栏将显示为会默认选中“添加”。

② 在绘图区域中，选择要包含在部件中的图元。

③ 单击“完成”退出草图模式。

④ 在“新部件”对话框中，如果部件是唯一的，则可以编辑默认“类型名称”值，该默认名称是通过在指定的命名类别中分配的最后一个部件类型名称后附加一个序列号而自动生成的。

如果部件包含其他类别的图元，则可以为命名类别选择另一个值，此时如果部件仍具有唯一性，则可以编辑该类型的名称。单击“确定”，完成创建部件和将新部件类型添加到“项目浏览器”中。

如果已存在匹配的部件，则“类型名称”是只读的，而单击“确定”将创建该部件类型的另一个实例。但是，如果新部件包含其他类别的图元，则可以为命名类别选择另一个值。如果更改命名类别后部件是唯一的，则可以编辑其类型名称（如果需要），然后单击“确定”，将新部件类型添加到“项目浏览器”中。

4.11　结构详图创建

详图绘制有 3 种方式，即“纯三维”、“纯二维”及“三维+二维”。Revit 是一款建筑信息建模程序。可以将项目构造为现实世界中物理对象的数字表示形式。但是，不是每一个构件都需要进行三维建模。建筑师和工程师可创建标准详图，以说明如何构造较大项目中的材质。详图是对项目的重要补充，因为它们显示了材质应该如何相互连接。对于一些节点大样，如屋顶挑檐，大部分主体模型已经建立，只需在详图视图中补充一些二维图元即可，此时索引视图和详图视图的三维部分是关联的。而有些节点大样由于无法用三维表达或者可以利用已有的DWG图纸，那么可以在Revit Architecture生成的详图视图中采用二维图元的方式绘制或者直接导入DWG图形，以满足出图的要求。在实际工作中，大部分情况下都是采用“三维+二维”的方式来完成我们的设计。

有两种主要视图类型可用于创建详图：即详图视图和绘图视图。

1. 详图视图包含建筑信息模型中的图元。

2. 绘图视图是与建筑信息模型没有直接关系的图纸。

4.11.1 何时使用详图

（1）要传达详细信息。

（2）要显示项目中所用构件当前没有的功能。

（3）要在模型无参照的情况下，在绘图视图中绘线，如标志图样或典型详图。

（4）在视图中追踪底图图元的步骤。

（5）要在部分模型可见的情况下绘制视图详图，例如在墙剖面或详图索引中。

4.11.2 详图工具

若要在视图中创建详图，请使用“注释”选项卡上的工具。

详图索引。首先创建详图索引，以便获得平面视图或立面视图的特写视图。所有详图注释都会被添加到该详图索引视图中。请参见详图索引视图。

详图线。使用详图线，在现有图元上添加信息或进行绘制。

单击“注释”选项卡➤“详图”面板➤ （详图线）。

尺寸标注。将特定尺寸标注应用到详图中。

文字注释。使用文字注释来指定构造方法。请参见文字注释。

详图构件。创建和载入自定义详图构件，以放置到详图中。详图构件可以是实际构造构件，例如结构钢、门樘或金属龙骨。

“注释”选项卡➤“详图”面板➤“构件”下拉列表➤ （详图构件）。

“注释”选项卡➤“详图”面板➤“构件”下拉列表➤ （重复详图）。

符号。放置符号（如方向箭头或截断标记符号），以指示省略的信息。请参见符号。

遮罩区域。创建遮罩区域以在视图中隐藏图元。请参见遮罩区域。

填充区域。创建详图填充区域，并为它们指定填充图案来表示各种表面，包括混凝土或压实土壤样式。在默认的工作平面上绘制区域，不需要为它们选择工作平面。可以将填充图案应用到区域，请参见填充区域和填充图案。

隔热层。在显示全部墙体材质的墙体详图中放置隔热层。例如，外墙可以包括石膏层、隔热层、金属龙骨、覆盖层、空气层和砖层。请参见使用隔热层。

4.12 结构考试技巧

4.12.1 考题总结

从考试开始到现在形成思路（大家学习的时候要重点对待）：

第八期：1. 钢筋；2. 条形基础；3. 族和配筋；4. 梁柱节点；5. 别墅结构。

第九期：1. 坡道；2. 族和配筋；3. 族（钢架）；4. 别墅结构。

第十期：1. 梁配筋；2. 钢柱节点；3. 楼梯配筋；4. 别墅结构。

第十一期：1. 板配筋；2. 族（挡土墙）；3. 钢梁节点；4. 三层框架。

第十二期：1. 族（梁）；2. 族（钢网架）；3. 族（墩台）；4. 三层框架。

第十三期：1. 族（桥墩）；2. 工字钢节点；3. 族（三心拱）；4. 九层框架。

4.12.2　学习指南

考试毕竟属于软件实操，所以熟能生巧，多练习是必须要有的，具体学习方法为：

1. 先学习一级课程，待一级课程内容掌握后，再进行二级课程的学习。

2. 二级课程，先看视频，看完一节之后开始自己软件练习，如果没问题就过，有问题的话再回去看一遍解决问题，如果还是没有解决就继续看后面的课程视频。全部课程视频看完后与考试相关的内容都能解决。

3. 完成之后开始做历年真题，先不要看视频，直接自己做，做完之后对着视频看一下自己哪个地方有错误，然后改正，改正之后，过一段时间再做一遍，如果完全正确，基本考试就稳了。

4.12.3　应试技巧

前提：有专业基础，具备快速识图和建模能力，结构最重要的就是平法知识。

1. 考试时间 180 分钟，综合把握时间，留足做第四题时间。

2. 先做会做的，不浪费时间在不会的题目上。

3. 阅卷按点给分，部分不会做也不要全部放弃。

4. 注意审题，例如材质、创建方式，尺寸标注是否需要创建（未作说明不需标注）。

4.12.4　问题总结

1. 需不需要创建尺寸标注?

答：注意查看题干，一般题干不要求就无须创建。

2. 图上有些尺寸没有标注，考生不知如何创建。

答：未标明的尺寸不作要求，自定义即可，也不会作为判分依据。

3. 有考生在考试过程中电脑故障，如何处理?

答：重启电脑，查看临时文件中是否有可以作为过程文件的模型继续往下绘制（不要刻意修改默认保存的备份数）；电脑故障无法解决，之前的文件无法提取，及时要求监考老师更换电脑并汇报情况。

4.12.5　答题注意事项

1. 临时文件的处理：临时文件自己删除掉，删除之后一定记得把回收站清空，避免被别人拷贝变为雷同卷。

2. 体量和族是内建还是新建的判定：题目无明确说明，二者皆可；题目明确保存格式的，以题目为准；出现构件集字眼的，用新建族来做。

3. 有不认识的字，直接问监考老师，不要不好意思，时间更重要！
4. 明细表：不需要格式完全与题目相同，只要该有的都有了，名称一样即可。
5. 文件放置位置一定要正确！
6. 考试过程中及时保存文件（每次考试必然有人会电脑死机）。
7. 考试为电子版试卷，平时练习就要习惯切屏 Alt+Tab。

附录：全国 BIM 技能等级考试二级（结构设计专业）真题

第十二期全国 BIM 技能等级考试二级（结构设计专业）试题

第十三期全国 BIM 技能等级考试二级（结构设计专业）试题

第十四期全国 BIM 技能等级考试二级（结构设计专业）试题